国网蒙东电力 2024年度典型违章图册

国网内蒙古东部电力有限公司　组编

中国水利水电出版社
www.waterpub.com.cn
·北京·

图书在版编目（CIP）数据

国网蒙东电力2024年度典型违章图册 / 国网内蒙古东部电力有限公司组编. -- 北京 : 中国水利水电出版社, 2025. 3. -- ISBN 978-7-5226-3343-5

Ⅰ. TM08-64

中国国家版本馆CIP数据核字第20253YW326号

书　　名	**国网蒙东电力 2024 年度典型违章图册** GUOWANG MENGDONG DIANLI 2024 NIANDU DIANXING WEIZHANG TUCE
作　　者	国网内蒙古东部电力有限公司　组编
出版发行	中国水利水电出版社 （北京市海淀区玉渊潭南路 1 号 D 座　100038） 网址：www. waterpub. com. cn E - mail：sales@ mwr. gov. cn 电话：（010）68545888（营销中心）
经　　售	北京科水图书销售有限公司 电话：（010）68545874、63202643 全国各地新华书店和相关出版物销售网点
排　　版	中国水利水电出版社微机排版中心
印　　刷	北京印匠彩色印刷有限公司
规　　格	184mm×260mm　16 开本　11.25 印张　239 千字
版　　次	2025 年 3 月第 1 版　2025 年 3 月第 1 次印刷
印　　数	0001—8600 册
定　　价	**52.00** 元

编 制 说 明

违章是事故之源，遵章是安全之本。深入开展反违章工作是防范事故的有效手段。为积极营造“杜绝违章、安全生产”的氛围，进一步提升作业人员安全意识，增强违章辨识能力，管控好现场作业风险，做到“四不伤害”，国网内蒙古东部电力有限公司（以下简称蒙东公司）安监部在2024年度蒙东公司查纠违章基础上，对违章进行分类和筛选，按照违章类别、专业两个维度，梳理并编制了《国网蒙东电力2024年度典型违章图册》。

本图册图文并茂地展示了2024年度蒙东公司易发、频发及危险性较大的典型违章，可作为公司各层级单位反违章教育的培训教材，也可作为各级管理人员开展反违章纠察工作的实用指南。各单位要认真组织各级管理人员和作业人员学习本图册及相关规章制度要求，针对典型违章案例开展交流学习活动，助力作业人员清晰认识违章情形，防止浅尝辄止地无效学习，切实遏制违章事故再次上演，为公司的安全稳定发展保驾护航。

《 目录

第一部分
反违章工作基础知识

一、违章定义

违章是指在生产活动过程中，违反国家和电力行业安全生产法律法规、规程标准，违反公司安全生产规章制度、反事故措施、安全管理要求等，可能对人身、电网、设备和网络安全构成危害并容易诱发事故的“管理的不安全作为、人的不安全行为、物的不安全状态和环境的不安全因素”等。

二、反违章工作的定义

反违章工作是指企业在预防、查纠、惩处、整治违章等过程中，在制度建设、培训教育、专业管理、监督检查、评价考核等方面开展的相关工作。

三、违章类型

违章按照类型分为管理违章、行为违章和装置违章三类。

管理违章是指各级领导、管理人员不履行岗位安全职责，不落实安全管理要求，不健全安全规章制度，不开展安全教育培训，不执行安全规章制度等的不安全作为。

行为违章是指现场作业人员在电力建设、运维检修和营销服务等生产经营活动过程中，违反保证安全的规程、规定、制度和反事故措施等的不安全行为。

装置违章是指生产设备、设施、环境和作业使用的工器具及安全防护用品不满足规程、规定、标准、反事故措施等要求，不能可靠保证安全的状态和因素。

四、违章性质

按照违章性质、情节及可能造成的后果，违章分为严重违章和一般违章两级进行管控。

严重违章是指易造成领导失察、责任悬空、风险失控以及可能直接造成人身事故风险的违章情形。

一般违章是指达不到严重违章标准且违反安全工作规程规定的其他违章情形。

五、违章责任人员和单位划分

违章直接责任人：直接实施作业、管理违章行为的现场人员；或在其职责范围内不履行或者不正确履行工作要求，直接导致装置、行为违章发生的人员。

违章连带责任人：在职责范围内，因安全管理的失职或履责不到位等，导致所管理的现场、人员、设备、装置等发生违章问题的人员。

违章责任单位：一般为违章直接责任人、连带责任人的所在单位，指发生行为、管理、装置性违章的单位或直接管理单位，包含设备运维管理单位、施工作业单位（专业分包单位、劳务分包单位）以及相关管理单位（监理单位、业主单位）等。

六、违章记分管理

违章记分按照考核记分、自查记分两类进行管理，并按照二级单位、三级单位、班组、个人“四级”进行记分，记分周期为一个自然年。各二级单位要分层分级建立本单位、三级单位、班组、个人违章信息档案（以下简称“档案”），如实记录违章情况。档案作为领导干部、管理人员、一线员工安全履责评价以及评先评优等方面的重要依据。

七、违章记分抵减

鼓励违章自查自纠。鼓励各专业、各层级主动查处违章、自觉纠正违章、闭环整改违章。上级对下级查处的违章按考核记分记录在下级档案中。

1. 下级单位查处的违章，上级单位不重复处罚。

2. 保证体系查处的违章，监督体系不处罚。

3. 班组自查自纠、作业现场工作班成员间及时发现并纠正的违章按自查记分记录，不进行考核。但违章人员要通过学习强安平台进行安全知识学习，并在本周班组安全日活动中进行检讨反思。

4. 对二级单位、三级单位、班组的严重违章自查记分，按 30% 的比例抵减上级违章考核记分，年终兑现。

5. 实施严重违章“查三免一”。对省公司查处的严重违章，在同一考核年度内，发生严重违章的二级单位在本单位管理范围内查处 3 项严重违章，并完成违章整改闭环，可免除对二级单位的企业负责人业绩考核扣分，但不免除对相关单位、人员的违章考核记分和处罚。已经造成事故（事件）的严重违章不适用“查三免一”。

八、反违章正向激励

各单位按周通报表扬未查出违章的作业现场，按月开展“平安现场”评选，积极开展“无违章班组”、“无违章个人”和“党员身边无违章”等活动，按季度、年度分别兑现奖励。全年无自查自纠违章的班组不得评为年度“无违章班组”。对查处严重违章的人员，通过季度安全奖兑现奖励；对及时纠正违章，避免可能直接导致人身事故的加倍奖励。外来施工单位作业现场被国网公司评为“平安现场”的，每次可抵减违章考核记分 4 分；被蒙东公司评为“平安现场”的，每次可抵减违章考核记分 2 分。

第二部分
严重违章清单及释义

序号	严重违章条款	严重违章释义
1	无计划作业。	1. 安全风险管控监督平台无日作业计划（含临时计划、抢修计划）。 2. 安全风险管控监督平台中日计划未开工，现场已开展作业；现场作业过程中，计划状态为取消、完工等状态。
2	作业人员不清楚工作任务、工作范围、危险点。	1. 工作负责人（作业负责人）不了解现场所有的工作内容，不掌握危险点及安全防控措施。 2. 专责监护人不掌握监护范围内的工作内容、危险点及安全防控措施。 3. 作业人员不熟悉本人参与的工作内容，不掌握危险点及安全防控措施。
3	超出作业范围未经审批。	1. 在原工作票的停电及安全措施范围内增加工作任务时，未征得工作票签发人和工作许可人同意，未在工作票上增填工作项目。 2. 原工作票增加工作任务需变更或增设安全措施时，未重新办理新的工作票，并履行签发、许可手续。
4	作业点未在接地保护范围。	1. 装设接地线（接地刀闸）前未验电。 2. 停电工作的设备或地段，可能来电（包括反送电）的各方未在正确位置装设接地线（接地刀闸）。 3. 作业人员擅自移动、拆除接地线（接地刀闸）。 4. 配合停电的线路未在交叉跨越或邻近线路处附近装设接地线。 5. 在平行或邻近带电设备、交叉跨越或同杆架设等易产生感应电压的地点工作，未加装工作接地线或个人保安线。 6. 耐张塔挂线前，未使用导体将耐张绝缘子串短接。 7. 放线区段有跨越、平行带电线路时，牵引机及张力机出线端的导（地）线及牵引绳上未安装接地滑车。

续表

序号	严重违章条款	严重违章释义
5	高处作业失去保护。	1. 高处作业人员在上下、转移作业位置时，失去安全保护。 2. 高处作业未搭设脚手架，未使用高空作业车、升降平台或采取其他防止坠落措施。 3. 在深基坑口、坝顶、陡坡、屋顶、悬崖、杆塔、吊桥以及其他危险的边沿进行工作，临空一面未装设安全网或防护栏杆，或作业人员未使用安全带。
6	无票作业。	1. 未按照《电力安全工作规程》（以下简称《安规》）规定使用工作票（施工作业票）、操作票、事故紧急抢修单、作业申请单。 2. 未根据值班调控人员或运维负责人正式发布的指令进行倒闸操作。 3. 在油罐区、注油设备、电缆间、计算机房、换流站阀厅等防火重点部位（场所）以及政府部门、本单位划定的禁止明火区动火作业时，未使用动火票。 4. 未针对跨越架搭设拆除、跨越封网等作业，办理被跨越电力线路的第一种工作票（停电情况）或第二种工作票（不停电情况）。
7	票面（包括作业票、工作票及分票、动火票、操作票等）关键内容缺失或错误。	1. 操作票操作设备双重名称，拉合开关、刀闸的顺序以及位置检查、验电、装拆接地线（拉合接地刀闸）、投退保护压板（软压板）等关键内容遗漏或错误。 2. 工作票（含分票、工作任务单、动火票等）票面缺少工作许可人、工作负责人、工作票签发人、工作班成员（含新增人员）等签字信息。票面线路名称（含同杆多回线路双重称号）、设备双重名称填写错误。票面防触电、防高坠、防倒（断）杆、防窒息等重要安全技术措施遗漏或错误。工作票延期、工作负责人变更等未在票面上准确记录。作业票缺少审核人、签发人、作业人员（含新增人员）等签字信息。 3. 操作票发令、操作开始、操作结束时间以及工作票（含分票、工作任务单、动火票、作业票等）签发、许可、计划开工、结束时间存在逻辑错误或与实际不符。

续表

序号	严重违章条款	严重违章释义
8	工作负责人（作业负责人、专责监护人）不在现场。	1. 工作负责人（作业负责人、专责监护人）未到作业现场。 2. 工作负责人（作业负责人）暂时离开作业现场时，未指定能胜任的人员临时代替；或长时间离开作业现场时，未由原工作票签发人变更工作负责人。 3. 专责监护人临时离开作业现场时，未通知被监护人员停止作业；或长时间离开作业现场时，未由工作负责人变更专责监护人。 4. 劳务分包人员担任工作负责人（作业负责人）。
9	未经许可即开始工作，全部工作未结束即办理终结手续。	1. 公司系统电网生产作业未经调度管理部门或设备运维管理单位许可，擅自开始工作。 2. 在用户设备上工作，许可工作前，工作负责人未检查确认用户设备的运行状态、安全措施是否符合作业的安全要求。 3. 多小组工作，小组负责人未得到工作负责人的许可即开始工作；工作负责人未得到所有小组负责人工作结束的汇报，就与工作许可人办理工作终结手续。
10	约时停、送电，带电作业约时停用或恢复重合闸。	1. 电力线路或电气设备的停、送电未按照值班调控人员或工作许可人的指令执行，采取约时停、送电的方式进行倒闸操作。 2. 需要停用重合闸或直流线路再启动功能的带电作业未由值班调控人员履行许可手续，采取约时方式停用或恢复重合闸或直流线路再启动功能。

续表

序号	严重违章条款	严重违章释义
11	应用未用或使用不合格的安全工器具。	1. 在高处作业、垂直交叉作业、立杆架线、起重吊装等存在高坠、物体打击风险的作业区域内，人员未佩戴安全帽。 2. 操作没有机械传动的断路器（开关）、隔离开关（刀闸）或跌落式熔断器，未使用绝缘棒。 3. 应用未用或使用的个体防护装备（安全带、安全绳、静电防护服、防电弧服、屏蔽服装等）、绝缘安全工器具[验电器、接地线、绝缘手套（高压）、绝缘靴、绝缘杆、绝缘遮蔽罩、绝缘隔板]等专用工具和器具未检测或检测结果不合格。
12	人员资质不符合现场作业要求。	1. 现场作业人员、监理人员未经安全准入考试并合格。 2. 不具备“三种人”资格的人员担任工作票签发人、工作负责人或许可人。 3. 特种设备作业人员、特种作业人员、危险化学品从业人员未依法取得资格证书。
13	未计算拉线、地锚受力情况和近电作业安全距离情况。	1. 抱杆、牵张机、索道设备的地锚、拉线，铁塔锚固、导地线锚固的地锚、拉线受力情况未经过验算。 2. 在带电设备附近作业前，未根据带电体安全距离要求，对施工作业中可能进入安全距离内的人员、机具、构件等进行计算校核；或校核结果与现场实际不符，不满足安全要求时未采取有效措施。 3. 地锚、拉线未经验收合格即投入使用。

续表

序号	严重违章条款	严 重 违 章 释 义
14	专项施工方案未按规定编制审批。	1. 对“超过一定规模的危险性较大的分部分项工程”（根据《住房城乡建设部办公厅关于实施 < 危险性较大的分部分项工程安全管理规定 > 有关问题的通知》（建办质〔2018〕31 号）中附件 2 超过一定规模的危险性较大的分部分项工程范围）（含大修、技改等项目），未组织编制专项施工方案（含安全技术措施），未按规定论证和审批。 2. 针对《国家电网有限公司关于印发严控严防重特大人身事故硬措施通知》要求混凝土建（构）筑物垮塌、脚手架整体倒塌、深基坑及边坡施工等 12 类典型场景作业，未按规定编制、论证和审批专项施工方案。
15	重要工序、关键环节作业未按施工方案或规定程序开展。	1. 电网建设工程施工重要工序 [根据《国家电网有限公司输变电工程建设安全管理规定》附件 4 重要临时设施、重要施工工序、特殊作业、危险作业（包括但不限于）] 及关键环节未按施工方案中作业方法、标准或规定程序开展作业。 2. 针对《国家电网有限公司关于印发严控严防重特大人身事故硬措施通知》15 类典型作业场景，未按规定落实强制措施。
16	擅自解除带电部位隔离措施。	1. 擅自开启高压开关柜门、检修小窗。 2. 高压开关柜内手车开关拉出后，隔离带电部位的挡板未可靠封闭或擅自开启隔离带电部位的挡板。 3. 擅自移动绝缘挡板（隔板）。
17	电容性设备未充分放电。	1. 电缆及电容器接地前未逐相充分放电，星形接线电容器的中性点未接地、串联电容器及与整组电容器脱离的电容器未逐个多次放电，装在绝缘支架上的电容器外壳未放电。 2. 高压试验变更接线或试验结束时，未将升压设备的高压部分放电、短路接地。未装接地线的大电容被试设备未先行放电再做试验。

续表

序号	严重违章条款	严重违章释义
18	在带电设备周围违规使用金属器具。	1. 在带电设备周围使用钢卷尺、皮卷尺和线尺（夹有金属丝者）进行测量工作。 2. 在变、配电站（开关站）的带电区域内或邻近带电线路处，使用金属梯子、金属脚手架。
19	大型机械在运行站内或邻近带电线路处违规作业。	1. 在运行站内使用起重机、高空作业车、挖掘机等大型机械开展作业前，施工方案未经设备运维单位批准。 2. 未经设备运维单位批准，擅自改变运行站内起重机、高空作业车、挖掘机等大型机械的工作内容、工作方式、行进路线、作业地点等。 3. 近电作业起重机、高空作业车未接地。 4. 近电吊装作业人员徒手扶持吊件。
20	立（拆）杆塔、架（撤）线作业未按规定采取防倒杆塔措施。	1. 地脚螺栓与螺母型号不匹配。 2. 耐张杆塔非平衡紧挂线、撤线前，未设置杆塔临时拉线或其他补强措施。 3. 在永久拉线未全部安装完成的情况下就拆除临时拉线。 4. 拉线塔分解拆除时未先将原永久拉线更换为临时拉线再进行拆除作业。 5. 杆塔整体拆除时，未增设拉线控制倒塔方向。 6. 带张力断线或采用突然剪断导、地线的做法松线。 7. 杆塔上有人时，调整或拆除拉线。 8. 紧断线平移导线挂线作业未采取交替平移子导线的方式。
21	采用正装法对接组立悬浮抱杆。	略。

续表

序号	严重违章条款	严重违章释义
22	牵引过程中人员处于受力绳索内角侧或直接拉拽受力导、引线。	1. 牵引过程中作业人员站在或跨在已受力的牵引绳、起吊绳、导地线的内角侧以及展放的线圈内。 2. 放线、紧线，遇导、地线有卡、挂住现象，未松线后处理，操作人员站在线弯的内角侧，用手直接拉、推导地线。
23	跨越施工未采取跨越架、封网等安全措施。	跨越带电线路、电气化铁路、高速公路、通航河流展放导（地）线作业，未采取跨越架、封网等安全措施，或跨越架、封网未经验收合格即投入使用。
24	货运索道载人或超载使用。	物料提升系统、货运小车等非载人提升设施及货运索道载人。
25	起重吊装作业未采取防倾倒措施，超限吊装。	1. 起重设备、受力工器具（抱杆连接螺栓、吊索具、卸扣等）超负荷使用。 2. 起重机车轮、支腿或履带的前端、外侧与沟、坑边缘的距离小于沟、坑深度的 1.2 倍时，未采取防倾倒、防坍塌措施。 3. 吊车未安装限位器。
26	起重作业无专人指挥。	以下起重作业无专人指挥： 1. 被吊重量达到起重作业额定起重量的 80%。 2. 两台及以上起重机械联合作业。 3. 起吊精密物件、不易吊装的大件或在复杂场所（人员密集区、场地受限或存在障碍物）进行大件吊装。 4. 起重机械在邻近带电区域作业。 5. 易燃易爆品必须起吊时。 6. 起重机械设备自身的安装、拆卸。 7. 新型起重机械首次在工程上应用。

续表

序号	严重违章条款	严重违章释义
27	对带有压力的设备开展拆解作业前未泄压。	略。
28	平衡挂线时，在同一相邻耐张段的同相导线上进行其他作业。	略。
29	高空锚线未设置二道保护措施。	1. 平衡挂线、导地线更换作业过程中，高空锚线未设置二道保护措施。 2. 更换绝缘子串和移动导线作业过程中，采用单吊（拉）线装置时，未设置防导线脱落的后备保护措施。
30	有限空间作业未执行“先通风、再检测、后作业”要求；未正确设置监护人；未配置或不正确使用安全防护装备、应急救援装备。	1. 有限空间[电缆井、电缆隧道、深度超过2m的基坑及沟（槽）内且相对密闭、容易聚集易燃易爆及有毒气体]作业前未通风、未检测。 2. 在有限空间内作业期间，气体检测浓度高于规定（《国家电网有限公司有限空间作业安全工作规定》附录7有限空间作业常见有毒气体浓度判定限值）要求，冒险作业。 3. 未根据有限空间作业环境和作业内容，配备气体检测设备、呼吸防护用品、坠落防护用品、其他个体防护用品和通风设备、照明设备、通信设备以及应急救援装备等。 4. 有限空间作业未在入口设置监护人或监护人擅离职守。
31	危险性较大的施工平台无施工方案、超载使用。	1. 悬吊式作业平台、混凝土承重支撑架、24m以上落地脚手架无施工方案，使用前未经监理验收即投入使用。

续表

序号	严重违章条款	严重违章释义
31	危险性较大的施工平台无施工方案、超载使用。	2. 吊篮、悬吊式作业平台未设置上限位装置，在作业面下方涉及危险部位、设备设施安全防护、交叉作业等情况的未设置下限位装置。 3. 吊篮、悬吊式作业平台、混凝土承重支撑架、24m 以上落地脚手架超载使用或荷载严重不均。 4. 脚手架拆除作业未按自上而下的顺序进行，采用上下层同时作业、自下而上或推倒的方式拆除脚手架。
32	硐室及高边坡施工未进行安全监测、支护不及时。	1. 硐室开挖未按照规范要求进行超前地质预报，未对硐室围岩稳定情况进行安全确认。 2. 硐室和高边坡开挖未按照规范要求进行安全监测和观测分析。 3. 硐室开挖爆破后，未根据作业面裸露围岩情况采取随机支护措施或未按照设计要求进行跟进支护情况下，擅自进行下道工序施工。 4. 对断层、裂隙、破碎带等不良地质构造的高边坡，未按设计要求采取锚喷或加固等支护措施。 5. 强降雨或长时间降雨后，未检查确认护坡稳定性即进入护坡下方。
33	模板支架拆除时混凝土强度未达到设计或规范要求。	1. 高支模混凝土施工中，混凝土强度未达到设计要求时拆除模板。 2. 模板滑升、混凝土出模时，混凝土发生流淌或局部塌落现象。 3. 模板爬升时，承载体受力处的混凝土强度小于 10MPa，或不满足设计要求。

续表

序号	严重违章条款	严重违章释义
34	未严格执行操作票、调度指令进行操作。	1. 倒闸操作时跳项、漏项，漏投退或误投退保护压板。 2. 倒闸操作时未检查设备实际位置，未确认设备操作到位情况。
35	擅自使用解锁钥匙操作。	1. 未经运维单位分管生产领导批准，擅自使用解锁钥匙操作。 2. 运行设备使用后台超级密码操作。

第三部分 各专业典型违章图册

一、输电专业典型违章

（一）严重违章

序号	严重违章		
1		违章内容	无计划作业。
		违反条款	《国网蒙东电力严重违章清单》第 1 条：无计划作业。 释义：安全风险管控监督平台无日作业计划（含临时计划、抢修计划）。
2	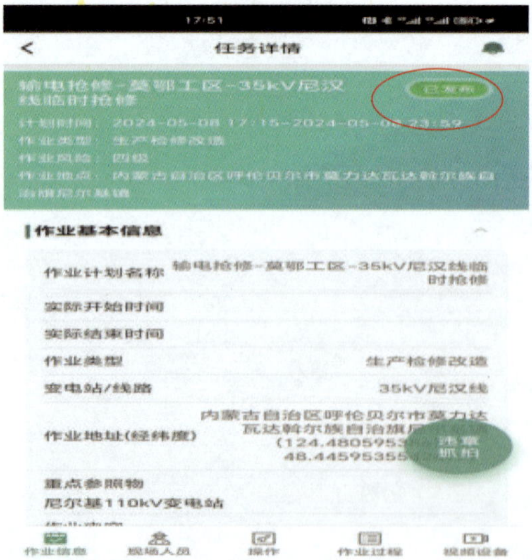	违章内容	作业状态与实际不符，现场已开工，未在风控 App 打卡。
		违反条款	《国网蒙东电力严重违章清单》第 1 条：无计划作业。 释义：安全风险管控监督平台中日计划未开工，现场已开展作业。

续表

<table>
<tr><th>序号</th><th colspan="3">严　重　违　章</th></tr>
<tr><td rowspan="2">3</td><td rowspan="2"></td><td>违章内容</td><td>高处作业失去保护。</td></tr>
<tr><td>违反条款</td><td>《国网蒙东电力严重违章清单》第 5 条：高处作业失去保护。
释义：高处作业人员在上下、转移作业位置时，失去安全保护。</td></tr>
<tr><td rowspan="2">4</td><td rowspan="2"></td><td>违章内容</td><td>工作负责人（专责监护人）不在现场。</td></tr>
<tr><td>违反条款</td><td>《国网蒙东电力严重违章清单》第 8 条：工作负责人（作业负责人、专责监护人）不在现场。
释义：工作负责人（作业负责人、专责监护人）未到作业现场。</td></tr>
</table>

续表

序号	严重违章		
5		违章内容	地面作业人员在作业点下方未佩戴安全帽。
		违反条款	《国网蒙东电力严重违章清单》第 11 条：应用未用或使用不合格的安全工器具。 释义：在高处作业、垂直交叉作业、立杆架线、起重吊装等存在高坠、物体打击风险的作业区域内，人员未佩戴安全帽。
6		违章内容	作业人员下杆塔过程中，地面人员调整拉线。
		违反条款	《国网蒙东电力严重违章清单》第 20 条：立（拆）杆塔、架（撤）线作业未按规定采取防倒杆塔措施。 释义：杆塔上有人时，调整或拆除拉线。

（二）重复发生、需高度警惕的典型违章

序号	重复发生、需高度警惕的典型违章		
7		违章内容	在杆塔上作业，安全带后备保护绳超过 3m 未使用缓冲器。
		违反条款	《典型违章库——生产线路部分》第 50 条：在杆塔上作业时，安全带和后备保护绳未分别挂在杆塔不同部位的牢固构件上，安全带后备保护绳对接使用或超过 3m 未使用缓冲器。
8		违章内容	杆塔上作业，需要携带工具时未使用工具袋，浮搁在塔材上。
		违反条款	《典型违章库——生产线路部分》第 54 条：杆塔上作业，需要携带工具时未使用工具袋，较大的工具未固定在牢固的构件上。

续表

<table>
<tr><th>序号</th><th colspan="3">重复发生、需高度警惕的典型违章</th></tr>
<tr><td rowspan="2">9</td><td rowspan="2"></td><td>违章内容</td><td>施工机械转动部分无防护罩或牢固的遮栏。</td></tr>
<tr><td>违反条款</td><td>《典型违章库——生产线路部分》第 111 条：施工机械设备转动部分无防护罩或牢固的遮栏。</td></tr>
<tr><td rowspan="2">10</td><td rowspan="2"></td><td>违章内容</td><td>在居民区及交通道路附近开挖基坑，未设坑盖或围栏，未加挂警告标示牌。</td></tr>
<tr><td>违反条款</td><td>《典型违章库——生产线路部分》第 78 条：在居民区及交通道路附近开挖基坑，未设坑盖或围栏，未加挂警告标示牌，夜间未挂红灯。</td></tr>
</table>

续表

序号	重复发生、需高度警惕的典型违章		
11		违章内容	带有开门装置的放线滑车，无关门保险。
		违反条款	《典型违章库——生产线路部分》第94条：线路作业中使用的滑车应有防止脱钩的保险装置，否则应采取封口措施。

二、变电专业典型违章

（一）严重违章

序号	严　重　违　章		
1		违章内容	风控平台无作业计划。
		违反条款	《国网蒙东电力严重违章清单》第1条：无计划作业。 释义：安全风险管控监督平台无日作业计划（含临时计划、抢修计划）。

续表

序号	严重违章		
2		违章内容	高处作业失去保护。
		违反条款	《国网蒙东电力严重违章清单》第 5 条：高处作业失去保护。 释义：在深基坑口、坝顶、陡坡、屋顶、悬崖、杆塔、吊桥以及其他危险的边沿进行工作，临空一面未装设安全网或防护栏杆，或作业人员未使用安全带。
3		违章内容	无票作业。
		违反条款	《国网蒙东电力严重违章清单》第 6 条：无票作业。 释义：未按照《安规》规定使用工作票（施工作业票）、操作票、事故紧急抢修单、作业申请单。

续表

序号	严重违章		
4	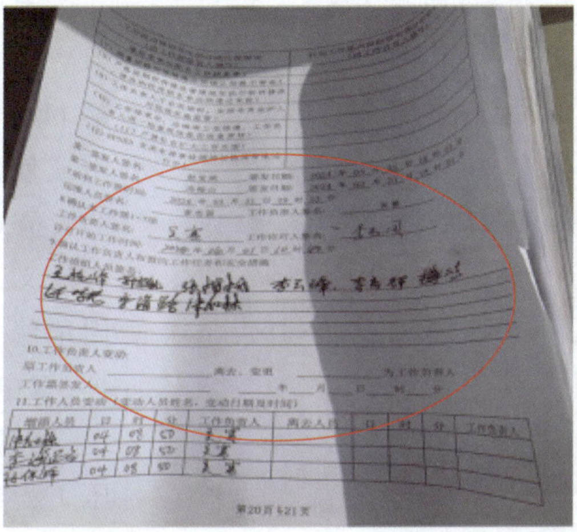	违章内容	工作票上新增的4名作业人员，未履行安全交底并在工作票上进行签字确认。
		违反条款	《国网蒙东电力严重违章清单》第7条：票面关键内容缺失或错误。 释义：工作票票面缺少工作许可人、工作负责人、工作票签发人、工作班成员（含新增人员）等签字信息。
5		违章内容	工作负责人（专责监护人）不在现场。
		违反条款	《国网蒙东电力严重违章清单》第8条：工作负责人（作业负责人、专责监护人）不在现场。 释义：工作负责人（作业负责人、专责监护人）未到作业现场。

续表

序号	严重违章		
6		违章内容	拆除接地线，未戴绝缘手套。
		违反条款	《国网蒙东电力严重违章清单》第 11 条：应用未用或使用不合格的安全工器具。 释义：应用未用绝缘安全工器具[验电器、接地线、绝缘手套（高压）、绝缘靴、绝缘杆、绝缘遮蔽罩、绝缘隔板等]。
7	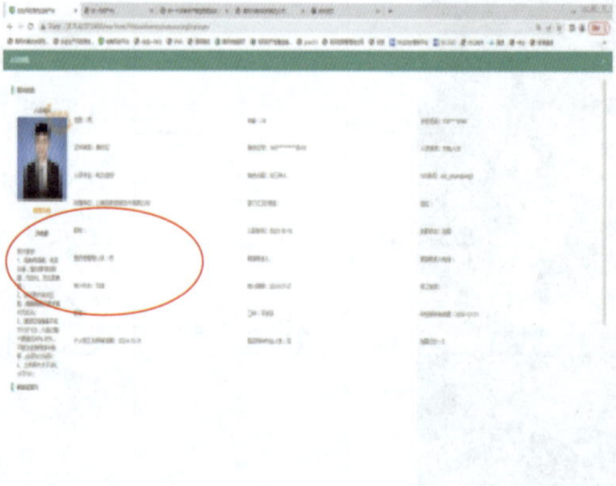	违章内容	准入无效作业人员现场进行作业。
		违反条款	《国网蒙东电力严重违章清单》第 12 条：人员资质不符合现场作业要求。 释义：现场作业人员、监理人员未经安全准入考试并合格。

续表

序号	严　重　违　章		
8		违章内容	在手车开关拉出后，未观察隔离挡板是否可靠封闭。
		违反条款	《国网蒙东电力严重违章清单》第16条：擅自解除带电部位隔离措施。 释义：高压开关柜内手车开关拉出后，隔离带电部位的挡板未可靠封闭或擅自开启隔离带电部位的挡板。
9		违章内容	倒闸操作漏项。
		违反条款	《国网蒙东电力严重违章清单》第34条：未严格执行操作票、调度指令进行操作。 释义：倒闸操作时跳项、漏项，漏投退或误投退保护压板。

（二）重复发生、需高度警惕的典型违章

序号	重复发生、需高度警惕的典型违章		
10		违章内容	施工机械设备转动部分无防护罩。
		违反条款	《典型违章库——生产变电部分》第 80 条：施工机械设备转动部分无防护罩或牢固的遮栏。
11	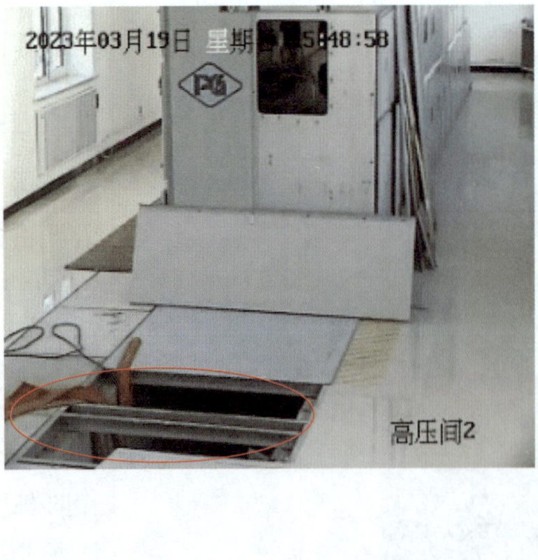	违章内容	电缆沟盖板开启后，未设置围栏，无人看守。
		违反条款	《典型违章库——生产变电部分》第 99 条：电缆井井盖、电缆沟盖板及电缆隧道人孔盖开启后，未设置围栏，无人看守。作业人员撤离电缆井或隧道后，未盖好井盖。

续表

序号	重复发生、需高度警惕的典型违章		
12		违章内容	在接地线装设处未去除油漆或绝缘层。
		违反条款	《典型违章库——生产变电部分》第 114 条：接地线装设处未去除油漆或绝缘层。
13		违章内容	采用缠绕的方法接地。
		违反条款	《典型违章库——生产变电部分》第 112 条：采用缠绕的方法接地或短路。

续表

序号	重复发生、需高度警惕的典型违章		
14	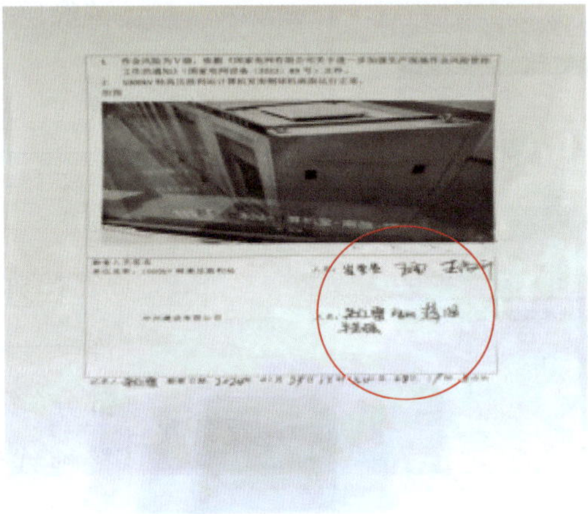	违章内容	工作票签发人和工作负责人均未参加现场勘察。
		违反条款	《典型违章库——生产变电部分》第 27 条：未按规定开展现场勘察或未留存勘察记录；工作票（作业票）签发人和工作负责人均未参加现场勘察。
15		违章内容	起吊作业过程中对易晃动的重物未使用控制绳。
		违反条款	《典型违章库——生产变电部分》第 86 条：起吊作业过程中对易晃动的重物，未使用控制绳。

续表

序号	重复发生、需高度警惕的典型违章		
16		违章内容	吊篮中有人作业，司机将脚搭在吊车驾驶杆上进行休息。
		违反条款	《典型违章库——生产变电部分》第 81 条：有重物悬在空中时，驾驶人员离开驾驶室或做其他工作。

三、配电专业典型违章

（一）严重违章

序号	严　重　违　章		
1		违章内容	风控平台无作业计划。
		违反条款	《国网蒙东电力严重违章清单》第 1 条：无计划作业。 释义：安全风险管控监督平台无日作业计划（含临时计划、抢修计划）。

续表

序号	严重违章		
2	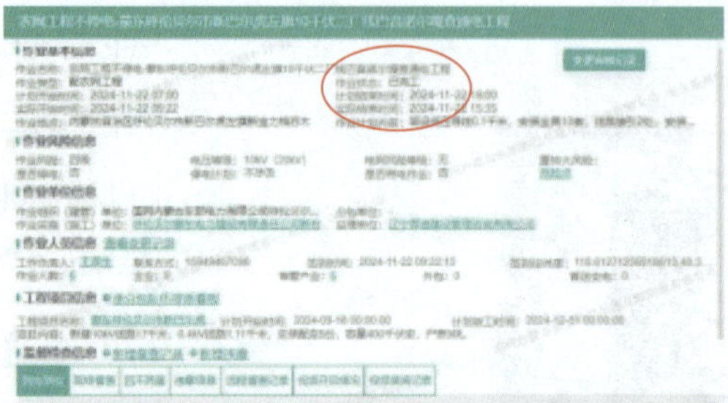 	违章内容	无计划作业。
		违反条款	《国网蒙东电力严重违章清单》第1条：无计划作业。 释义：现场作业过程中，安全风险管控监督平台计划状态为取消、完工等状态。
3	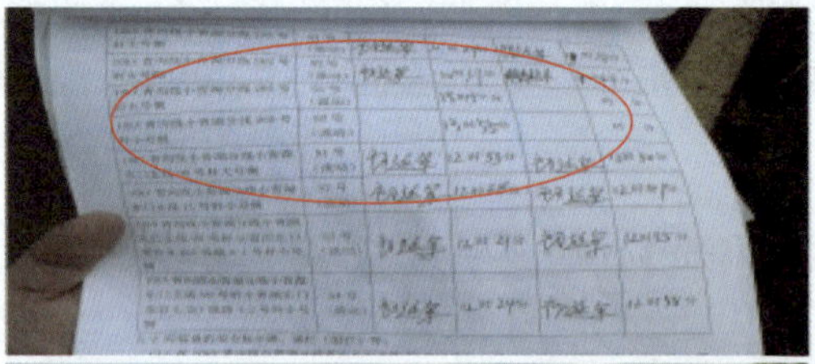 	违章内容	现场未按工作票要求挂设接地线，作业点未在接地保护范围。
		违反条款	《国网蒙东电力严重违章清单》第4条：作业点未在接地保护范围内。 释义：停电工作的设备或地段，可能来电（包括反送电）的各方未在正确位置装设接地线（接地刀闸）。

续表

序号	严　重　违　章		
4		违章内容	下杆过程中未系安全带。
		违反条款	《国网蒙东电力严重违章清单》第5条：高处作业失去保护。 释义：高处作业人员在上下、转移作业位置时，失去安全保护。
5		违章内容	高处作业未采取防坠落措施。
		违反条款	《国网蒙东电力严重违章清单》第5条：高处作业失去保护。 释义：高处作业未搭设脚手架，未使用高空作业车、升降平台或采取其他防止坠落措施。

续表

序号	严重违章		
6	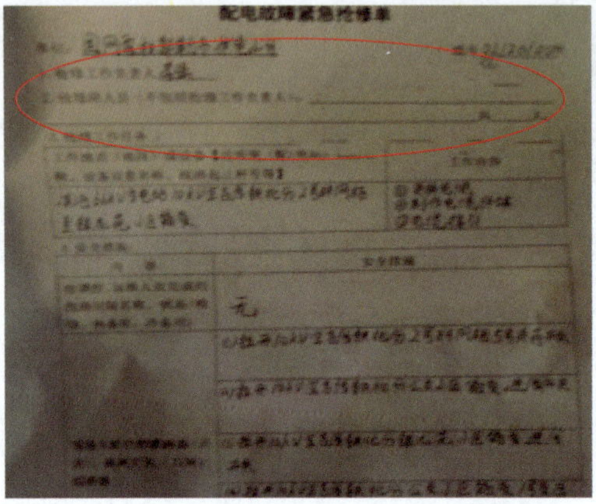 配电故障紧急抢修单	违章内容	故障抢修单所有作业人员均未签字。
		违反条款	《国网蒙东电力严重违章清单》第 7 条：票面关键内容缺失或错误。 释义：工作票票面缺少工作许可人、工作负责人、工作票签发人、工作班成员（含新增人员）等签字信息。
7		违章内容	工作负责人（专责监护人）不在现场。
		违反条款	《国网蒙东电力严重违章清单》第 8 条：工作负责人（作业负责人、专责监护人）不在现场。 释义：工作负责人（专责监护人）未到作业现场。

续表

序号	严重违章		
8		违章内容	作业人员在拉开跌落式熔断器时未戴绝缘手套。
		违反条款	《国网蒙东电力严重违章清单》第11条：应用未用或使用不合格的安全工器具。 释义：应用未用绝缘安全工器具[验电器、接地线、绝缘手套(高压)、绝缘靴、绝缘杆、绝缘遮蔽罩、绝缘隔板等]。
9	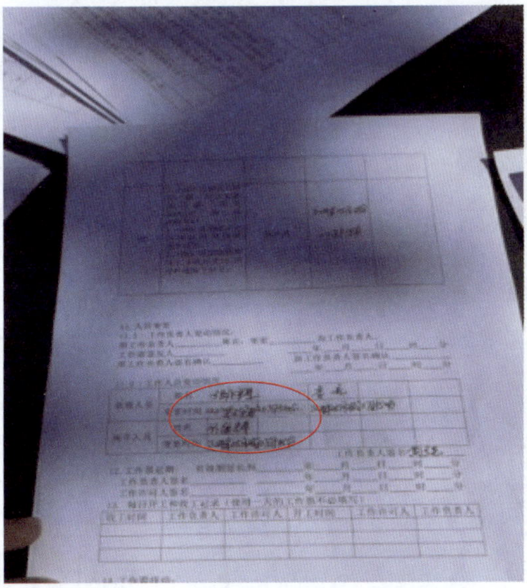	违章内容	新增工作班成员未准入。
		违反条款	《国网蒙东电力严重违章清单》第12条：人员资质不符合现场作业要求。 释义：现场作业人员、监理人员未经安全准入考试并合格。

续表

序号	严　重　违　章		
10		违章内容	放线过程遇导线有卡、挂现象，未松线后处理。
		违反条款	《国网蒙东电力严重违章清单》第22条：牵引过程中人员处于受力绳索内角侧或直接拉拽受力导、引线。 释义：放线、紧线，遇导、地线有卡、挂住现象，未松线后处理，操作人员站在线弯的内角侧,用手直接拉、推导地线。

（二）重复发生、需高度警惕的典型违章

序号	重复发生、需高度警惕的典型违章		
11		违章内容	高处作业时将材料浮搁在横担上。
		违反条款	《典型违章库——生产配电部分》第146条：高处作业时未将所用的工具和材料放在工具袋内，材料及工器具浮搁在已立的杆塔和抱杆上；抛掷工具及材料，未做好防坠措施。

续表

<table>
<tr><th>序号</th><th colspan="3">重复发生、需高度警惕的典型违章</th></tr>
<tr><td rowspan="2">12</td><td rowspan="2"></td><td>违章内容</td><td>绞磨机机械传动部分缺少防护罩。</td></tr>
<tr><td>违反条款</td><td>《典型违章库——配电工程部分》第106条：施工机械设备转动部分无防护罩或牢固的遮栏。</td></tr>
<tr><td rowspan="2">13</td><td rowspan="2"></td><td>违章内容</td><td>带电接引线对于作业相、相邻相绝缘遮蔽不到位。</td></tr>
<tr><td>违反条款</td><td>《国家电网有限公司电力安全工作规程　第8部分：配电部分》11.2.9作业区域带电体、绝缘子等应采取相间、相对地的绝缘隔离（遮蔽）措施。</td></tr>
</table>

续表

<table>
<tr><th>序号</th><th colspan="3">重复发生、需高度警惕的典型违章</th></tr>
<tr><td rowspan="2">14</td><td rowspan="2"></td><td>违章内容</td><td>斗上双人带电作业，同时在不同相作业。</td></tr>
<tr><td>违反条款</td><td>《国家电网有限公司电力安全工作规程　第8部分：配电部分》11.2.14 斗上双人带电作业，不应同时在不同相或不同电位作业。</td></tr>
<tr><td rowspan="2">15</td><td rowspan="2"></td><td>违章内容</td><td>邻近通行道路挖掘的杆坑未设坑盖或可靠遮栏。</td></tr>
<tr><td>违反条款</td><td>《典型违章库——配电工程部分》第116条：在居民区及交通道路附近开挖基坑，未设坑盖或可靠遮栏，未加挂警告标示牌，夜间未挂红灯。</td></tr>
</table>

续表

序号	重复发生、需高度警惕的典型违章		
16		违章内容	带有开门装置的放线滑车，无关门保险。
		违反条款	《典型违章库——配电工程部分》第 55 条：链条葫芦、手扳葫芦、吊钩式滑车等装置的吊钩和起重作业使用的吊钩无防止脱钩的保险装置。
17		违章内容	多功能弯排机的金属外壳无良好的接地装置。
		违反条款	《典型违章库——生产配电部分》第 104 条：连接电动机械及电动工具的电气回路未单独设开关或插座，未装设剩余电流动作保护装置，金属外壳未接地。

续表

序号	重复发生、需高度警惕的典型违章		
18		违章内容	施工现场吊车接地体埋深不足 0.6m。
		违反条款	《典型违章库——生产配电部分》第 89 条：接地体的材质、规格不符合规范要求，地下临时接地体埋设深度小于 0.6m。
19	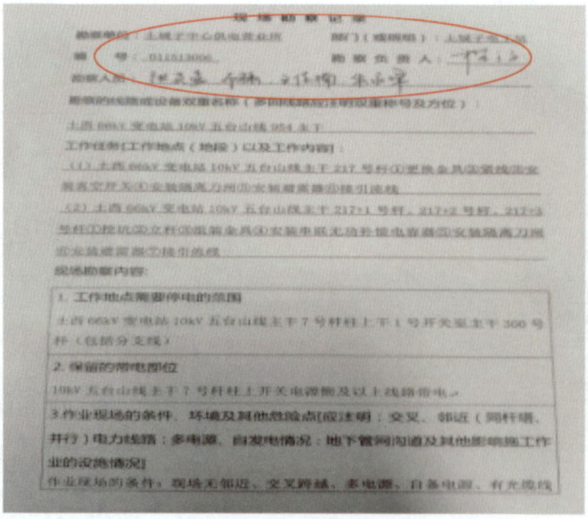 1. 工作地点需要停电的范围 2. 保留的带电部位 3.作业现场的条件、环境及其他危险点	违章内容	运维单位人员未参与现场勘察。
		违反条款	《典型违章库——生产配电部分》第 87 条：设备运维单位未派人参加现场勘察。

序号	重复发生、需高度警惕的典型违章		
20		违章内容	吊车支腿未加装枕木。
		违反条款	《典型违章库——配电工程部分》第 68 条：汽车式起重机作业前未支好全部支腿；支腿未按规程要求加垫木。

四、建设专业典型违章

（一）严重违章

序号	严　重　违　章		
1		违章内容	风控平台无作业计划。
		违反条款	《国网蒙东电力严重违章清单》第 1 条：无计划作业。 释义：安全风险管控监督平台无日作业计划（含临时计划、抢修计划）。

续表

序号	严重违章		
2	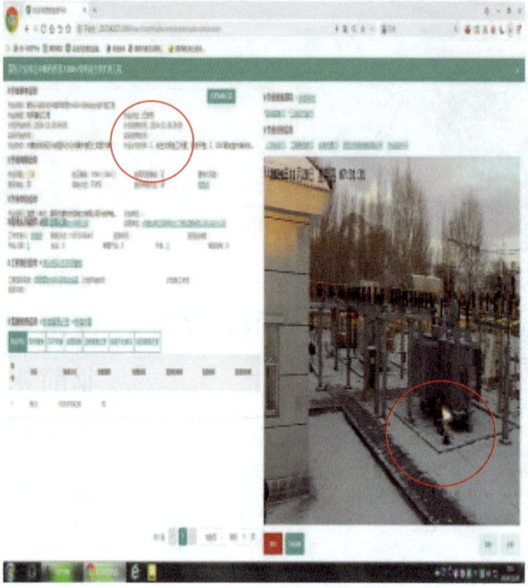	违章内容	作业状态与实际不符，现场已开工，未在风控 App 打卡。
		违反条款	《国网蒙东电力严重违章清单》第 1 条：无计划作业。 释义：安全风险管控监督平台中日计划未开工，现场已开展作业。
3		违章内容	超出作业范围未经审批（作业票内容为 10 ~ 21 号塔立塔，现场实际作业为 34 号塔）。
		违反条款	《国网蒙东电力严重违章清单》第 3 条：超出作业范围未经审批。 释义：原工作票增加工作任务需变更或增设安全措施时，未重新办理新的工作票，并履行签发、许可手续。

续表

<table>
<tr><th>序号</th><th colspan="3">严　重　违　章</th></tr>
<tr><td rowspan="2">4</td><td rowspan="2"></td><td>违章内容</td><td>下塔过程中未系安全带。</td></tr>
<tr><td>违反条款</td><td>《国网蒙东电力严重违章清单》第 5 条：高处作业失去保护。
释义：高处作业人员在上下、转移作业位置时，失去安全保护。</td></tr>
<tr><td rowspan="2">5</td><td rowspan="2">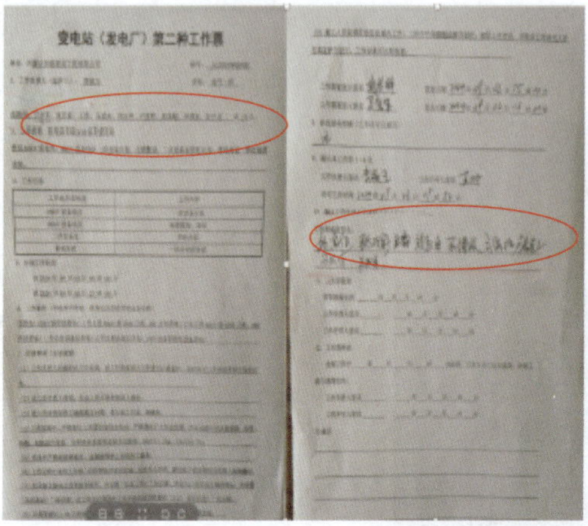
变电站（发电厂）第二种工作票</td><td>违章内容</td><td>缺少工作班成员签字。</td></tr>
<tr><td>违反条款</td><td>《国网蒙东电力严重违章清单》第 7 条：票面关键内容缺失或错误。
释义：工作票票面缺少工作许可人、工作负责人、工作票签发人、工作班成员（含新增人员）等签字信息。</td></tr>
</table>

续表

序号	严重违章		
6	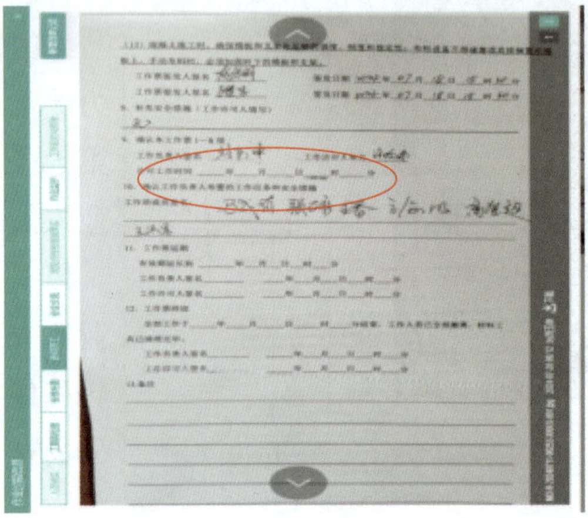	违章内容	工作票工作许可人未签字，许可时间未填写。
		违反条款	《国网蒙东电力严重违章清单》第 7 条：票面关键内容缺失或错误。 释义：工作票票面缺少工作许可人、工作负责人、工作票签发人、工作班成员（含新增人员）等签字信息；工作票签发、许可、计划开工、结束时间存在逻辑错误或与实际不符。
7		违章内容	小组作业未经工作负责人许可即开展工作。
		违反条款	《国网蒙东电力严重违章清单》第 9 条：未经许可即开始工作。 释义：多小组作业，小组负责人未得到工作负责人的许可即开始工作。

续表

序号	严　重　违　章		
8		违章内容	地面作业人员在作业点下方未佩戴安全帽。
		违反条款	《国网蒙东电力严重违章清单》第 11 条：应用未用或使用不合格的安全工器具。 释义：在高处作业、垂直交叉作业、立杆架线、起重吊装等存在高坠、物体打击风险的作业区域内，人员未佩戴安全帽。
9	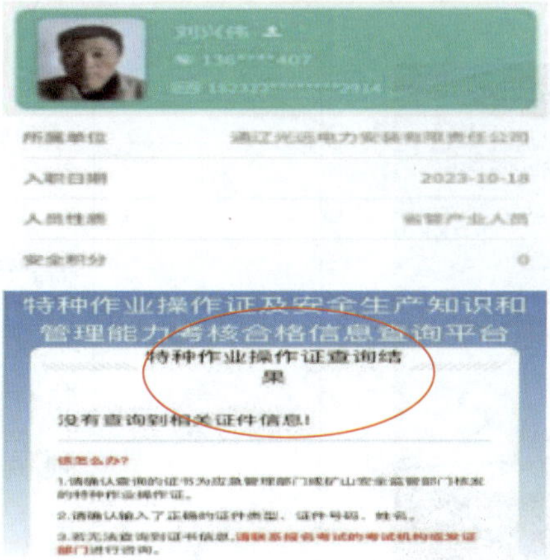	违章内容	登塔作业人员无高空作业证。
		违反条款	《国网蒙东电力严重违章清单》第 12 条：人员资质不符合现场作业要求。 释义：特种设备作业人员、特种作业人员、危险化学品从业人员未依法取得资格证书。

续表

序号	严重违章		
10		违章内容	牵引过程中，人员处于受力绳索内角侧。
		违反条款	《国网蒙东电力严重违章清单》第22条：牵引过程中人员处于受力绳索内角侧或直接拉拽受力导、引线。 释义：牵引过程中作业人员站在或跨在已受力的牵引绳、起吊绳、导地线的内角侧以及展放的线圈内。
11		违章内容	吊车未安装限位器。
		违反条款	《国网蒙东电力严重违章清单》第25条：起重吊装作业未采取防倾倒措施，超限吊装。 释义：吊车未安装限位器。

序号	严　重　违　章		
12	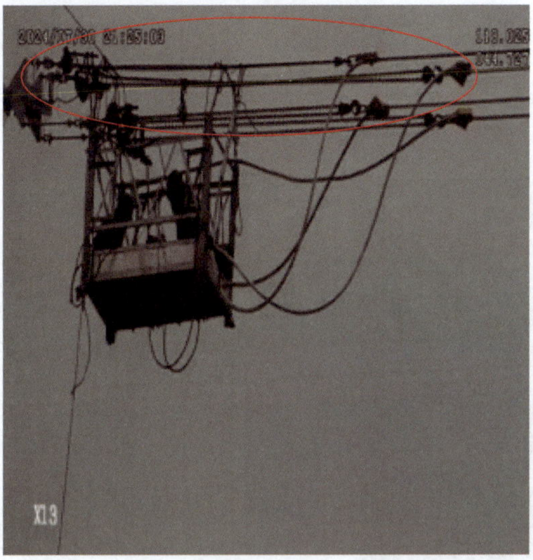	违章内容	平衡挂线时，高空锚线未设置二道保护措施。
		违反条款	《国网蒙东电力严重违章清单》第 29 条：高空锚线未设置二道保护措施。 释义：平衡挂线、导地线更换作业过程中，高空锚线未设置二道保护措施。

（二）重复发生、需高度警惕的典型违章

序号	重复发生、需高度警惕的典型违章		
13		违章内容	高处作业人员将速差自控器连接在腰间。
		违反条款	《国家电网有限公司电力建设安全工作规程　第 2 部分：线路》8.4.2.5 速差自控器要求：f）速差自控器应连接在人体前胸或后背的安全带挂点上，移动时应缓慢，不得跳跃。

续表

序号	重复发生、需高度警惕的典型违章		
14		违章内容	速差自控器回收失效。
		违反条款	《国家电网有限公司电力建设安全工作规程　第 2 部分：线路》8.4.2.5 速差自控器要求：c）用手将速差自控器的安全绳（带）进行快速拉出，速差自控器应能有效制动并完全回收。
15		违章内容	高处作业人员使用的后背保护绳超过 3m 未使用缓冲器。
		违反条款	《典型违章库——基建线路部分》第 58 条：后备保护绳超过 3m 时，未使用缓冲器。

续表

序号	重复发生、需高度警惕的典型违章		
16		违章内容	高处作业时将工器具浮搁在塔材上。
		违反条款	《典型违章库——基建线路部分》第67条：高处作业时未将所用的工具和材料放在工具袋内或未用绳索拴在牢固的构件上。
17		违章内容	机械传动部分缺少防护罩。
		违反条款	《典型违章库——基建线路部分》第84条：施工机械的安全防护装置及监测、指示、仪表、报警等信号装置有缺陷、不齐全、不灵敏、不可靠，随意调整或拆除（起重机械、绞磨、钻机、卷扬机、牵张机等）。

续表

序号	重复发生、需高度警惕的典型违章		
18		违章内容	基坑四周未设可靠的围栏挡板及安全标志。
		违反条款	《国家电网有限公司电力建设安全工作规程　第 2 部分：线路》10.1.1.4：挖掘施工区域应设围栏及安全标志牌。
19		违章内容	链条葫芦闭锁装置缺失。
		违反条款	《典型违章库——基建线路部分》第 51 条：链条葫芦、手扳葫芦、吊钩式滑车等装置的吊钩和起重作业使用的吊钩无防止脱钩的保险装置。

续表

序号	重复发生、需高度警惕的典型违章		
20		违章内容	铁塔组立后塔腿未及时接地。
		违反条款	《典型违章库——基建线路部分》第 66 条：铁塔组立过程中及电杆组立后，未及时与接地装置可靠连接。
21		违章内容	钢管脚手架无防雷接地措施，整个架体未从立杆根部引设两处（对角）防雷接地。
		违反条款	《典型违章库——基建变电部分》第 82 条：钢管脚手架无防雷接地措施，整个架体未从立杆根部引设两处（对角）防雷接地。

续表

<table>
<tr><th>序号</th><th colspan="3">重复发生、需高度警惕的典型违章</th></tr>
<tr><td rowspan="2">22</td><td rowspan="2"></td><td>违章内容</td><td>吊车支腿未垫枕木。</td></tr>
<tr><td>违反条款</td><td>《典型违章库——基建变电部分》第 44 条：汽车式起重机作业前未支好全部支腿；支腿未按规程要求加垫木。</td></tr>
<tr><td rowspan="2">23</td><td rowspan="2"></td><td>违章内容</td><td>枕木长度不足 1.2m。</td></tr>
<tr><td>违反条款</td><td>《典型违章库——基建线路部分》第 86 条：汽车式起重机支腿使用枕木支撑时，枕木少于两根或尺寸不规范。</td></tr>
</table>

序号	重复发生、需高度警惕的典型违章		
24		违章内容	变电站内吊装刀闸未使用控制绳，防止设备摇摆。
		违反条款	《典型违章库——基建线路部分》第95条：吊装断路器、隔离开关、电流互感器、电压互感器等大型设备时，未在设备底部捆绑控制绳，防止设备摇摆。

第四部分 典型作业严重违章提示卡

一、输电专业

作业内容：杆塔组装、架设或更换导地线

序号	作业内容	涉及严重违章条款	严重违章释义	检查项目	执行情况
1	杆塔组装、架设或更换导地线	无计划作业	安全风险管控监督平台无日作业计划（含临时计划、抢修计划）。	核对安全风险管控监督平台、作业记录仪是否有作业计划。	□
2			安全风险管控监督平台中日计划未开工，现场已开展作业；现场作业过程中，计划状态为取消、完工等状态。	核对安全风险管控监督平台、作业记录仪作业计划状态是否与实际作业状态相符。	□
3		作业人员不清楚工作任务、工作范围、危险点	工作负责人（作业负责人）不了解现场所有的工作内容，不掌握危险点及安全防控措施。	查询是否组织召开班前会，工作负责人汇报工作内容、作业危险点、对应的严控严防重特大人身事故硬措施及其他相关安全防控措施。	□
4			专责监护人不掌握监护范围内的工作内容、危险点及安全防控措施。	核对专责监护人是否参加开工会，现场问询专责监护人工作内容、作业危险点、对应的严控严防重特大人身事故硬措施及其他相关安全防控措施。	□
5			作业人员不熟悉本人参与的工作内容，不掌握危险点及安全防控措施。	核对本次作业人员是否参加开工会，现场问询作业人员工作内容、作业危险点、对应的严控严防重特大人身事故硬措施及其他相关安全防控措施。	□

续表

序号	作业内容	涉及严重违章条款	严重违章释义	检查项目	执行情况
6	杆塔组装、架设或更换导地线	人员资质不符合现场作业要求	现场作业人员、监理人员未经安全准入考试并合格。	登录安全监督管控平台核对现场作业人员、监理人员是否准入，准入信息是否准确，单位和专业是否与现场一致。	□
7			不具备“三种人”资格的人员担任工作票签发人、工作负责人或许可人。	登录安全监督管控平台核对工作票签发人、工作负责人或许可人是否属实，核验“三种人”任命文件。	□
8			特种设备作业人员、特种作业人员、危险化学品从业人员未依法取得资格证书。	检查施工资料里人员资质材料，核实特种设备作业人员、特种作业人员、危险化学品从业人员从业资格证书。	□
9		超出作业范围未经审批	在原工作票的停电及安全措施范围内增加工作任务时，未征得工作票签发人和工作许可人同意，未在工作票上增填工作项目。	查看现场实际作业与工作票所列工作任务是否相符，如不相符，查看工作票“其他注意事项栏”是否写明增加的工作任务，核实是否经过工作票签发人、工作许可人同意。	□
10			原工作票增加工作任务需变更或增设安全措施时，未重新办理新的工作票，并履行签发、许可手续。	核对现场实际作业与原工作票所列工作任务是否相符，如不相符，查看增加工作任务是否需要变更或增设安全措施，是否重新办理新的工作票，并履行签发、许可手续。	□
11		无票作业	未按照《安规》规定使用工作票（施工作业票）、操作票、事故紧急抢修单、作业申请单。	检查作业现场是否使用工作票，并正确使用相应工作票。在电力线路上工作，应按下列方式进行：	□

续表

<table>
<tr><th>序号</th><th>作业内容</th><th>涉及严重违章条款</th><th>严重违章释义</th><th>检查项目</th><th>执行情况</th></tr>
<tr><td>12</td><td rowspan="9">杆塔组装、架设或更换导地线</td><td rowspan="9">无票作业</td><td rowspan="6">未按照《安规》规定使用工作票（施工作业票）、操作票、事故紧急抢修单、作业申请单。</td><td>a）填用电力线路　第一种工作票</td><td>□</td></tr>
<tr><td>13</td><td>b）填用电力电缆　第一种工作票</td><td>□</td></tr>
<tr><td>14</td><td>c）填用电力线路　第二种工作票</td><td>□</td></tr>
<tr><td>15</td><td>d）填用电力电缆第二种工作票</td><td>□</td></tr>
<tr><td>16</td><td>e）填用电力线路带电作业工作票</td><td>□</td></tr>
<tr><td>17</td><td>f）填用电力线路事故紧急抢修单</td><td>□</td></tr>
<tr><td>18</td><td rowspan="3">在防火重点部位（场所）以及政府部门、本单位划定的禁止明火区动火作业时，未使用动火票。</td><td>检查是否为动火作业区，是否使用动火作业票。</td><td>□</td></tr>
<tr><td>19</td><td>在重点防火部位和存放易燃易爆场所附近及存有易燃物品的容器上使用电、气焊时，应严格执行动火工作的有关规定，按有关规定填用动火工作票，备有必要的消防器材。</td><td>□</td></tr>
<tr><td>20</td><td>动火作业，是指直接或间接产生明火的作业，包括熔化焊接、切割、喷枪、喷灯、钻孔、打磨、锤击、破碎、切削等。</td><td>□</td></tr>
</table>

续表

序号	作业内容	涉及严重违章条款	严重违章释义	检查项目	执行情况
21		无票作业	未针对跨越架搭设拆除、跨越封网等作业，办理被跨越电力线路的第一种工作票（停电情况）或第二种工作票（不停电情况），或跨越未办理工作票。	检查跨越架搭设拆除、跨越封网等作业是否有工作票。	□
22				参考《跨越电力线路架线施工规程》（DL/T 5106—2017）要求，检查跨越架情况。	□
23	杆塔组装、架设或更换导地线	票面（包括作业票、工作票及分票、动火票、操作票等）关键内容缺失或错误	工作票（含分票、工作任务单、动火票等）票面缺少工作许可人、工作负责人、工作票签发人、工作班成员（含新增人员）等签字信息。票面线路名称（含同杆多回线路双重称号）、设备双重名称填写错误。票面防触电、防高坠、防倒（断）杆、防窒息等重要安全技术措施遗漏或错误。工作票延期、工作负责人变更等未在票面上准确记录。作业票缺少审核人、签发人、作业人员（含新增人员）等签字信息。	核对工作票签字栏签字是否存在缺失、代签等情况，线路双重名称是否正确，安全措施是否全面。	□

续表

序号	作业内容	涉及严重违章条款	严重违章释义	检查项目	执行情况
24	杆塔组装、架设或更换导地线	票面（包括作业票、工作票及分票、动火票、操作票等）关键内容缺失或错误	操作票发令、操作开始、操作结束时间以及工作票（含分票、工作任务单、动火票、作业票等）签发、许可、计划开工、结束时间存在逻辑错误或与实际不符。	核对工作票是否先签发、再许可、再开工、再结束。工作票内容是否与实际现场一致。许可工作的时间须填写工作许可人准许开始工作的准确时间，该时间由工作许可人与工作负责人进行核对，核对无误后，再填写。	□
25		工作负责人（作业负责人、专责监护人）不在现场	工作负责人（作业负责人、专责监护人）未到作业现场。	检查工作负责人（作业负责人、专责监护人）是否在现场。	□
26				工作负责人、专责监护人应始终在工作现场，对工作班成员的安全进行认真监护，及时纠正不安全的行为。	□
27				检查工作负责人是否正确佩戴应用作业记录仪。	□
28			工作负责人（作业负责人）暂时离开作业现场时，未指定能胜任的人员临时代替；或长时间离开作业现场时，未由原工作票签发人变更工作负责人。	工作负责人长时间离开作业现场时变更工作负责人，检查履行的交接手续。	□

续表

序号	作业内容	涉及严重违章条款	严重违章释义	检查项目	执行情况
29	杆塔组装、架设或更换导地线	工作负责人（作业负责人、专责监护人）不在现场	工作负责人（作业负责人）暂时离开作业现场时，未指定能胜任的人员临时代替；或长时间离开作业现场时，未由原工作票签发人变更工作负责人。	存在临时或变更工作负责人的情况，问询代理工作责任人是否清楚工作任务、危险点和安全注意事项。如长时间更换，查看是否应履行变更手续，履行变更手续是否为原工作票签发人。	□
30			专责监护人临时离开作业现场时，未通知被监护人员停止作业；或长时间离开作业现场时，未由工作负责人变更专责监护人。	检查专责监护人是否在现场。	□
31				不在现场时现场是否作业。	□
32				长时间离开是否由工作负责人变更专责监护人，检查工作票变更情况。	□
33				监督现场专责监护人不准兼做其他工作。	□
34			劳务分包人员担任工作负责人（作业负责人）。	检查现场施工方案“三种人”红头文件，与工作票工作负责人一致。	□
35				检修及基建单位的工作票签发人、工作负责人名单应事先送有关设备运维管理单位、调度控制中心备案。	□

续表

序号	作业内容	涉及严重违章条款	严重违章释义	检查项目	执行情况
36	杆塔组装、架设或更换导地线	未经许可即开始工作；全部工作未结束即办理终结手续	公司系统电网生产作业未经调度管理部门或设备运维管理单位许可，擅自开始工作。	核对工作票许可开工是否填写时间，时间是否和录音一致。	☐
37			在用户设备上工作，许可工作前，工作负责人未检查确认用户设备的运行状态、安全措施是否符合作业的安全要求。	作业前检查双电源和有自备电源的用户已采取机械或电气联锁等防反送电的强制性技术措施。	☐
38				在双电源和有自备电源的用户线路的高压系统接入点，应有明显断开点，以防止停电作业时用户设备反送电。	☐
39			多小组工作，小组负责人未得到工作负责人的许可即开始工作；工作负责人未得到所有小组负责人工作结束的汇报，就与工作许可人办理工作终结手续。	开工后，核对各小组任务单许可任务时间是否填写、录音是否和票面一致；完工后，核对工作负责人是否收到全部小组负责人工作结束汇报，录音与工作终结时间是否一致。	☐
40		约时停、送电；带电作业约时停用或恢复重合闸	电力线路或电气设备的停、送电未按照值班调控人员或工作许可人的指令执行，采取约时停、送电的方式进行倒闸操作。	核对工作票许可时间，问询是否收到停送电命令，检查电话录音。	☐

续表

序号	作业内容	涉及严重违章条款	严重违章释义	检查项目	执行情况
41	杆塔组装、架设或更换导地线	高处作业失去保护	高处作业人员在上、下转移作业位置时，失去安全保护。	核对高处作业人员上、下过程是否使用合格的双钩安全带、转移作业位置是否使用速差自锁器、后备保护绳等安全措施，保证作业全过程不失去保护。	□
42			高处作业未搭设脚手架，未使用高空作业车、升降平台或采取其他防止坠落措施。	检查现场作业任务是否需要搭设脚手架，检查高处作业是否采取防止坠落措施。	□
43		专项施工方案未按规定编审批	对“超过一定规模的危险性较大的分部分项工程”（含大修、技改等项目），未组织编制专项施工方案（含安全技术措施），未按规定论证和审批。	核对施工方案是否进行相关人员审批，签字是否齐全。	□
44			针对《国家电网有限公司关于印发严控严防重特大人身事故硬措施通知》要求混凝土建（构）筑物垮塌、脚手架整体倒塌、深基坑及边坡施工等12类典型场景作业，未按规定编制、论证和审批专项施工方案。	核实现场是否为12类典型场景作业，施工方案内危险点分析及控制措施是否齐全、是否落实到位。	□

续表

序号	作业内容	涉及严重违章条款	严重违章释义	检查项目	执行情况
45	杆塔组装、架设或更换导地线	作业点未在接地保护范围内	装设接地线前未验电。	在停电线路工作地段接地前，应使用相应电压等级、合格的接触式验电器验明线路确无电压。验电时应戴绝缘手套。验电时人体应与被验电设备保持规定的距离，并设专人监护。使用伸缩式验电器时应保证绝缘的有效长度。	□
46				对同杆塔架设的多层电力线路进行验电时，应先验低压、后验高压，先验下层、后验上层，先验近侧、后验远侧。禁止作业人员穿越未经验电、接地的 10（20）kV 线路及未采取绝缘措施的低压带电线路对上层线路进行验电。	□
47			停电工作的设备或地段，可能来电（包括反送电）的各方未在正确位置装设接地线（接地刀闸）。	核对现场设备运行状况，是否存在反送电情况。	□
48				各工作班工作地段各端和工作地段内有可能反送电的各分支线（包括用户）都应接地。直流接地极线路，作业点两端应装设接地线。	□

续表

序号	作业内容	涉及严重违章条款	严重违章释义	检查项目	执行情况
49	杆塔组装、架设或更换导地线	作业点未在接地保护范围内	停电工作的设备或地段，可能来电（包括反送电）的各方未在正确位置装设接地线（接地刀闸）。	配合停电的线路可以只在工作地点附近装设一组工作接地线。装、拆接地线应在监护下进行。	☐
50			作业人员擅自移动、拆除接地线。	核对现场作业接地线位置是否与工作票所列安装位置一致。	☐
51				如安装位置不一致，需变更，应由工作负责人征得工作票签发人同意，并在工作票上注明变更情况。	☐
52			配合停电的线路未在交叉跨越或邻近线路处附近装设接地线。	核对现场是否存在交叉跨越和邻近线路情况，是否满足安全距离要求，如需配合停电，配合停电线路应装设接地线。	☐
53			在平行或邻近带电设备、交叉跨越或同杆架设等易产生感应电压的地点工作，未加装工作接地线或个人保安线。	核对作业现场是否存在邻近、平行、交叉跨越及同杆塔架设线路。如存在，检查是否采取加装工作接地线或个人保安线。	☐

续表

序号	作业内容	涉及严重违章条款	严重违章释义	检查项目	执行情况
54	杆塔组装、架设或更换导地线	作业点未在接地保护范围内	耐张塔挂线前，未使用导体将耐张绝缘子串短接。	在耐张塔挂线前，查看耐张绝缘子串是否用导体短接。导体短接要用相应电压等级接地线。	□
55			放线区段有跨越、平行带电线路时，牵引机及张力机出线端的导（地）线及牵引绳上未安装接地滑车。	核对跨越、平行带电线路放线时牵引绳上是否安装接地滑车。	□
56				在邻近或跨越带电线路采取张力放线时，牵引机、张力机本体、牵引绳、导地线滑车、被跨越电力线路两侧的放线滑车应接地。	□
57		应用未用或使用不合格的安全工器具	在高处作业、垂直交叉作业、立杆架线、起重吊装等存在高坠、物体打击风险的作业区域内，人员未佩戴安全帽。	检查现场作业人员是否正确佩戴安全帽。	□
58				进入作业现场应正确佩戴安全帽，现场作业人员应穿全棉长袖工作服、绝缘鞋。	□
59			应用未用或使用的个体防护装备（安全带、安全绳、静电防护服、防电弧服、屏蔽服装等）、绝缘安全工器具［验电器、接地线、绝缘手套（高压）、绝缘靴、绝缘杆、绝缘遮蔽罩、绝缘隔板等］等专用工具和器具未检测或检测结果不合格。	核对个体防护装备、绝缘安全工器具、专用工具和器具是否有合格证、是否在检测周期内、检测单位是否有检测资质。	□

序号	作业内容	涉及严重违章条款	严重违章释义	检查项目	执行情况
60	杆塔组装、架设或更换导地线	未计算拉线、地锚受力情况和近电作业安全距离情况	抱杆、牵张机、索道设备的地锚、拉线，铁塔锚固、导地线锚固的地锚、拉线受力情况未经过验算。	核对工作方案中地锚、拉线受力情况，方案中是否进行计算核验。	□
61			在带电设备附近作业前，未根据带电体安全距离要求，对施工作业中可能进入安全距离内的人员、机具、构件等进行计算校核；或校核结果与现场实际不符，不满足安全要求时未采取有效措施。	检查工作方案中是否体现近电作业安全距离情况，问询现场作业人员安全距离。	□
62				在带电杆塔上进行测量、防腐、巡视检查、紧杆塔螺栓、清除杆塔上异物等工作，作业人员活动范围及其所携带的工具、材料等，与带电导线最小距离不准小于《安规》的规定。	□
63			地锚、拉线未经验收合格即投入使用。	查看监理、现场使用人是否完成地锚、拉线验收，验收牌是否签字验收。	□

续表

序号	作业内容	涉及严重违章条款	严重违章释义	检查项目	执行情况
64	杆塔组装、架设或更换导地线	重要工序、关键环节作业未按施工方案或规定程序开展	电网建设工程施工重要工序及关键环节未按施工方案中作业方法、标准或规定程序开展作业。	核对现场作业工序是否和施工方案中作业方法、标准或规定程序是否一致。	□
65			针对《国家电网有限公司关于印发严控严防重特大人身事故硬措施通知》15类典型作业场景，未按规定落实强制措施。	查看现场作业是否为 15 类典型作业场景，是否按照《国家电网有限公司关于印发严控严防重特大人身事故硬措施通知》进行落实。	□
66		大型机械在邻近带电线路处违规作业	近电作业起重机、高空作业车未接地。	起重机、高空作业车是否接地。	□
67				接地连接处是否良好。	□
68				吊车接地线是否破损。	□
69				接地线是否应用多股软铜线。	□
70				接地体埋深是否满足 0.6m 要求。	□

续表

序号	作业内容	涉及严重违章条款	严重违章释义	检查项目	执行情况
71	杆塔组装、架设或更换导地线	大型机械在邻近带电线路处违规作业	近电作业起重机、高空作业车未接地。	接地线截面是否大于16 mm^2。	□
72			近电吊装作业人员徒手扶持吊件。	核对现场是否存在近电作业，安全距离是否满足，作业人员是否使用控制绳等安全防控措施。	□
73		立（拆）杆塔、架（撤）线作业未按规定采取防倒杆塔措施	地脚螺栓与螺母型号不匹配。	检查螺栓螺帽型号是否相互匹配，地脚螺栓是否紧固到位。	□
74			耐张杆塔非平衡紧挂线、撤线前，未设置杆塔临时拉线或其他补强措施。	利用已有杆塔立、撤杆，应先检查杆塔根部及拉线和杆塔的强度，必要时增设临时拉线或其他补强措施。	□
75			在永久拉线未全部安装完成的情况下就拆除临时拉线。	临时拉线应在永久拉线全部安装完毕承力后方可拆除。	□
76			拉线塔分解拆除时未先将原永久拉线更换为临时拉线再进行拆除作业。	立、撤杆作业现场，不准利用树木或外露岩石作受力桩。一个锚桩上的临时拉线不准超过两根，临时拉线不准固定在有可能移动或其他不可靠的物体上。临时拉线绑扎工作应由有经验的人员担任。临时拉线应在永久拉线全部安装完毕承力后方可拆除。	□

续表

序号	作业内容	涉及严重违章条款	严重违章释义	检查项目	执行情况
77	杆塔组装、架设或更换导地线	立（拆）杆塔、架（撤）线作业未按规定采取防倒杆塔措施	杆塔整体拆除时，未增设拉线控制倒塔方向。	使用抱杆立、撤杆时，主牵引绳、尾绳、杆塔中心及抱杆顶应在一条直线上。抱杆下部应固定牢固，抱杆顶部应设临时拉线控制，临时拉线应均匀调节并由有经验的人员控制。抱杆应受力均匀，两侧拉绳应拉好，不准左右倾斜。固定临时拉线时，不准固定在有可能移动的物体上，或其他不牢固的物体上。	□
78				整体立、撤杆塔前应进行全面检查，各受力、连接部位全部合格方可起吊。立、撤杆塔过程中，吊件垂直下方、受力钢丝绳的内角侧禁止有人。杆顶起立离地约 0.8m 时，应对杆塔进行一次冲击试验，对各受力点处做一次全面检查，确无问题，再继续起立；杆塔起立 70° 后，应减缓速度，注意各侧拉线；起立至 80° 时，停止牵引，用临时拉线调整杆塔。	□

续表

序号	作业内容	涉及严重违章条款	严重违章释义	检查项目	执行情况
79	杆塔组装、架设或更换导地线	立（拆）杆塔、架（撤）线作业未按规定采取防倒杆塔措施	带张力断线或采用突然剪断导、地线的做法松线。	紧线、撤线前，应检查拉线、桩锚及杆塔。必要时，应加固桩锚或加设临时拉绳。拆除杆上导线前，应先检查杆根，做好防止倒杆措施，在挖坑前应先绑好拉绳。	□
80				用卡线器或其他收紧装置将导线收紧后，做好二道保护，确保导线松弛无张力后，再进行剪断导、地线的做法松线。	□
81			杆塔上有人时，调整或拆除拉线。	核对方案中是否包含以下措施： 1. 调整或拆除拉线时，核对杆塔是否有人作业，如有人作业，人员下杆塔后再调整或拆除拉线。	□
82				2. 检修杆塔不准随意拆除受力构件，如需要拆除时，应事先做好补强措施。	□
83				3. 调整杆塔倾斜、弯曲、拉线受力不均或迈步、转向时，应根据需要设置临时拉线及其调节范围，并应有专人统一指挥。	□

续表

序号	作业内容	涉及严重违章条款	严重违章释义	检查项目	执行情况
84	杆塔组装、架设或更换导地线	立(拆)杆塔、架(撤)线作业未按规定采取防倒杆塔措施	紧断线平移导线挂线作业未采取交替平移子导线的方式。	紧断线平移导线挂线作业应采取交替平移子导线的方式，避免导线交叉扭绞发生。	□
85		牵引过程中人员处于受力绳索内角侧或直接拉拽受力导、引线	牵引过程中作业人员站在或跨在已受力的牵引绳、起吊绳、导地线的内角侧以及展放的线圈内。	检查作业现场放线、紧线与撤线工作时人员站位情况。	□
86				核对方案中是否包含以下措施：人员不准站在或跨在已受力的牵引绳、导线的内角侧和展放的导、地线圈内以及牵引绳或架空线的垂直下方，防止意外跑线时抽伤。	□
87			放线、紧线，遇导、地线有卡、挂住现象，未松线后处理，操作人员站在线弯的内角侧，用手直接拉、推导地线。	放线、紧线前，应检查导线有无障碍物挂住，导线与牵引绳的连接应可靠，线盘架应稳固可靠、转动灵活、制动可靠。放线、紧线时，应检查接线管或接线头以及过滑轮、横担、树枝、房屋等处有无卡住现象。如遇导、地线有卡、挂住现象，应松线后处理。处理时操作人员应站在卡线处外侧，采用工具、大绳等撬、拉导线。禁止用手直接拉、推导线。	□

续表

序号	作业内容	涉及严重违章条款	严重违章释义	检查项目	执行情况
88	杆塔组装、架设或更换导地线	跨越施工未采取跨越架、封网等安全措施	跨越带电线路、电气化铁路、高速公路、通航河流展放导（地）线作业，未采取跨越架、封网等安全措施，或跨越架、封网未经验收合格即投入使用。	现场检查跨越措施验收情况。交叉跨越各种线路、铁路、公路、河流等放、撤线时，应先取得主管部门同意，做好安全措施，如搭好可靠的跨越架、封航、封路、在路口设专人持信号旗看守等。	□
89		货运索道载人或超载使用	货运小车等非载人提升设施载人。	核对现场是否使用非载人设备进行载人工作。	□
90				检查货运索道承载限值，是否超载使用。	□
91		起重吊装作业未采取防倾倒措施，超限吊装	起重设备、受力工器具（抱杆连接螺栓、吊索具、卸扣等）超负荷使用。	机具应由了解其性能并熟悉使用知识的人员操作和使用。机具应按出厂说明书和铭牌的规定使用，工作负责人现场对机具荷载进行复核，不准超负荷使用。	□
92			起重机车轮、支腿或履带的前端、外侧与沟、坑边缘的距离小于沟、坑深度的1.2倍时，未采取防倾倒、防坍塌措施。	核对现场作业环境，是否存在沟、坑情况，起重机车轮、支腿或履带的前端、外侧与沟、坑边缘的距离小于沟、坑深度的1.2倍时，应设置防倾倒、防坍塌措施及警戒装置。	□

续表

序号	作业内容	涉及严重违章条款	严重违章释义	检查项目	执行情况
93			吊车未安装限位器。被吊重量达到起重作业额定起重量的 80%。	核对吊车是否安装限位器。	□
94					
95			两台及以上起重机械联合作业。		□
96		起重吊装作业未采取防倾倒措施，超限吊装	起吊精密物件、不易吊装的大件或在复杂场所（人员密集区、场地受限或存在障碍物）进行大件吊装。		□
97	杆塔组装、架设或更换导地线		起重机械在邻近带电区域作业。		□
98			易燃易爆品必须起吊时。		□
99			起重机械设备自身的安装、拆卸。		□
100			新型起重机械首次在工程上应用。		□
101		平衡挂线时，在同一相邻耐张段的同相导线上进行其他作业	略。	平衡挂线时，禁止在同一相邻耐张段的同相导线上进行其他作业。	□

续表

序号	作业内容	涉及严重违章条款	严重违章释义	检查项目	执行情况
102	杆塔组装、架设或更换导地线	高空锚线未设置二道保护措施	平衡挂线、导地线更换作业过程中，高空锚线未设置二道保护措施。	平衡挂线、导地线更换作业过程中，高空锚线应设置二道保护措施。	□
103			更换绝缘子串和移动导线作业过程中，采用单吊（拉）线装置时，未设置防导线脱落的后备保护措施。	更换绝缘子串和移动导线的作业，当采用单吊（拉）线装置时，应采取防止导线脱落时的后备保护措施。例如钢丝绳套等后备保护。	□
104		危险性较大的施工平台无施工方案、超载使用	悬吊式作业平台、混凝土承重支撑架、24m以上落地脚手架无施工方案，使用前未经监理验收即投入使用。	核对悬吊式作业平台、混凝土承重支撑架、24m以上落地脚手架施工方案，是否有验收合格记录。	□
105			吊篮、悬吊式作业平台未设置上限位装置，在作业面下方涉及危险部位、设备设施安全防护、交叉作业等情况的未设置下限位装置。	核对吊篮、悬吊式作业平台是否设置上限位装置、下限位装置。	□
106			吊篮、悬吊式作业平台、混凝土承重支撑架、24m以上落地脚手架超载使用或荷载严重不均。	核对吊篮、悬吊式作业平台、混凝土承重支撑架、24m以上落地脚手架荷载限值，禁止超载使用或荷载严重不均。	□

序号	作业内容	涉及严重违章条款	严重违章释义	检查项目	执行情况
107	杆塔组装、架设或更换导地线	危险性较大的施工平台无施工方案、超载使用	脚手架拆除作业未按自上而下的顺序进行，而采用上下层同时作业、自下而上或推倒的方式拆除脚手架。	检查脚手架拆除是否按照自上而下的顺序进行，严禁上下层同时作业、自下而上或推倒的方式拆除脚手架。	□
108		模板支架拆除时混凝土强度未达到设计或规范要求	高支模混凝土施工中，混凝土强度未达到设计要求时，拆除模板。	拆模前进行回弹仪测试，如果强度不够，禁止拆模。	□
109			模板滑升、混凝土出模时，混凝土发生流淌或局部塌落现象。	现场检查拆模过程中，混凝土是否出现流淌或局部塌落现象。	□
110			模板爬升时，承载体受力处的混凝土强度小于 10MPa，或不满足设计要求。	使用回弹仪检测顶面是否达到设计要求。	□
存在问题					
整改措施					
检查人		人员角色	检查时间		

注　不存在问题，执行情况打“√”；存在问题，执行情况打“×”；不涉及该项打“/”。

二、变电专业

作业内容：变压器检修

序号	作业内容	涉及严重违章条款	严重违章释义	检查项目	执行情况
1	变压器检修	重要工序、关键环节作业未按施工方案或规定程序开展	电网建设工程施工重要工序[根据《国家电网有限公司输变电工程建设安全管理规定》附件4重要临时设施、重要施工工序、特殊作业、危险作业（包括但不限于）]及关键环节未按施工方案中作业方法、标准或规定程序开展作业。	检查关键工序和重要环节执行的相关记录。	□
2			针对《国家电网有限公司关于印发严控严防重特大人身事故硬措施通知》15类典型作业场景，未按规定落实强制措施。	有限空间人员中毒窒息事故：一是作业期间遇到台风、强降雨、作业现场出现极端高温（39℃以上）时，工作负责人或现场管理人员应立即下令停止作业，撤离工作现场。二是有限空间内氧含量浓度低于或者有毒有害气体浓度高于国家标准或者行业标准规定的限值时，应立即停止有限空间作业，撤离作业现场。三是如通风设备停止运转、气体实时监测装置、远程监控设备、安全防	□

续表

序号	作业内容	涉及严重违章条款	严重违章释义	检查项目	执行情况
2	变压器检修	重要工序、关键环节作业未按施工方案或规定程序开展	针对《国家电网有限公司关于印发严控严防重特大人身事故硬措施通知》15类典型作业场景，未按规定落实强制措施。	护设备与个体防护装备等关键设备故障并失去其本身的联络、防护、报警等功能，作业人员应立即中断工作并撤离现场。四是作业人员在作业过程中发现自身或他人出现呼吸困难、呕吐、头晕等不适症状时，应立即停止作业，撤离现场。	□
3				电缆集中场所火灾事故：一是作业期间遇到台风、强降雨、作业现场出现极端高温（39℃以上）、有害气体浓度超标、含氧量偏低时，工作负责人或现场管理人员应立即下令停止作业，撤离工作现场。二是作业现场消烟雾报警装置、高压细水雾等消防系统无法正常工作时，工作负责人或现场管理人员应立即下令停止作业并撤离工作现场。三是施工期间，若出现作业现场视频信号异常、气体监测中断等情况，后台视频监控人员应立即告知现场工作负责人及管理人员，工作负责人或现场管理人员应立即下令停止作业，清点人数，撤离工作现场。	□

续表

序号	作业内容	涉及严重违章条款	严重违章释义	检查项目	执行情况
4	变压器检修	重要工序、关键环节作业未按施工方案或规定程序开展	针对《国家电网有限公司关于印发严控严防重特大人身事故硬措施通知》15类典型作业场景，未按规定落实强制措施。	变电近电吊装发生触电伤亡事故：一是遇有雷电、雨、雪、雹、雾和五级（风速大于8.0m/s）以上大风等恶劣天气时，工作负责人或现场管理人员应立即下令停止作业。二是发现未按方案施工、与带电设备安全距离不足、接地不可靠、夜间施工照明不足、指令不清楚、关键人员（工作负责人、专责监护人、吊车指挥）不在现场、吊车运行不正常等情况，任何发现人员均有权提出立即停止作业。	□
5		未计算拉线、地锚受力情况和近电作业安全距离情况	在带电设备附近作业前，未根据带电体安全距离要求，对施工作业中可能进入安全距离内的人员、机具、构件等进行计算校核；或校核结果与现场实际不符，不满足安全要求时未采取有效措施。	检查作业文本与邻近带电设备标注的安全距离是否符合现场实际。	□
6				检查与邻近带电设备的安全距离是否符合《国家电网公司电力安全工作规程》要求。	□
7				校核结果与现场实际不符，不满足安全要求时，是否采取陪停等有效措施。	□

续表

序号	作业内容	涉及严重违章条款	严重违章释义	检查项目	执行情况
8	变压器检修	专项施工方案未按规定编审批	对“超过一定规模的危险性较大的分部分项工程”（含大修、技改等项目），未组织编制专项施工方案（含安全技术措施），未按规定论证和审批。	检查是否编制专项施工方案（含安全技术措施）。	□
9				检查是否按规定论证和审批。	□
10		大型机械在运行站内或邻近带电线路处违规作业	在运行站内使用起重机、高空作业车、挖掘机等大型机械开展作业前，施工方案未经设备运维单位批准。	检查施工方案审批页签字是否齐全，是否存在代签、漏签等情况。	□
11		人员资质不符合现场作业要求	现场作业人员、监理人员未经安全准入考试并合格。	检查现场作业人员、监理人员身份信息，与风控平台核对准入考试是否合格、是否符合从事专业要求。	□
12			不具备“三种人”资格的人员担任工作票签发人、工作负责人或许可人。	检查“三种人”身份信息，与风控平台、“三种人”命名文件进行核对是否合格。	□

续表

序号	作业内容	涉及严重违章条款	严重违章释义	检查项目	执行情况
13	变压器检修	人员资质不符合现场作业要求	特种设备作业人员、特种作业人员、危险化学品从业人员未依法取得资格证书。	通过特种作业操作证官方网站、线下证书等多渠道检查特种设备作业人员、特种作业人员、危险化学品从业人员是否取得从业证书，证书是否在有效期内。	□
14		无计划作业	安全风险管控监督平台无日作业计划（含临时计划、抢修计划）。	核对安全风险管控监督平台是否有当日作业计划，检查计划的完整性。	□
15			安全风险管控监督平台中日计划未开工，现场已开展作业；现场作业过程中，计划状态为取消、完工等状态。	作业开工后，核实安全风险管控监督平台作业计划状态是否与实际作业状态相符，作业动态管控平台作业计划状态是否与实际相符。	□
16		超出作业范围未经审批	在原工作票的停电及安全措施范围内增加工作任务时，未征得工作票签发人和工作许可人同意，未在工作票上增填工作项目。	检查是否在工作票上增填工作项目，安全措施有无变动并是否符合规程要求，是否有相关变更记录。	□
17			原工作票增加工作任务需变更或增设安全措施时，未重新办理新的工作票，并履行签发、许可手续。	检查是否重新办理新的工作票，是否履行签发、许可手续。	□

续表

序号	作业内容	涉及严重违章条款	严重违章释义	检查项目	执行情况
18	变压器检修	无票作业	未按照《安规》规定使用工作票（施工作业票）、操作票、事故紧急抢修单、作业申请单。	检查是否使用工作票（施工作业票）、操作票、事故紧急抢修单、作业申请单。	□
19			未根据值班调控人员或运维负责人正式发布的指令进行倒闸操作。	检查操作票是否正确，是否根据值班调控人员或运维负责人指令执行。	□
20			在油罐区、注油设备、电缆间、计算机房、换流站阀厅等防火重点部位（场所）以及政府部门、本单位划定的禁止明火区动火作业时，未使用动火票。	核对是否正确使用动火票。	□
21		票面（包括作业票、工作票及分票、动火票、操作票等）关键内容缺失或错误	工作票（含分票、工作任务单、动火票等）票面缺少工作许可人、工作负责人、工作票签发人、工作班成员（含	检查工作票人员签字信息是否齐全。	□
22				检查工作票票面设备双重名称是否填写正确。	□
23				检查工作票安全措施是否正确。	□
24				检查工作票延期、工作负责人变更等是否在工作票上准确记录。	□

续表

序号	作业内容	涉及严重违章条款	严重违章释义	检查项目	执行情况
25	变压器检修	票面（包括作业票、工作票及分票、动火票、操作票等）关键内容缺失或错误	新增人员）等签字信息。票面线路名称（含同杆多回线路双重称号）、设备双重名称填写错误。票面防触电、防高坠、防倒（断）杆、防窒息等重要安全技术措施遗漏或错误。工作票延期、工作负责人变更等未在票面上准确记录。作业票缺少审核人、签发人、作业人员（含新增人员）等签字信息。	检查作业票是否有审核人、签发人、作业人员（含新增人员）等签字信息。	□
26			操作票发令、操作开始、操作结束时间以及工作票（含分票、工作任务单、动火票、作业票等）签发、许可、计划开工、结束时间存在逻辑错误或与实际不符。	检查操作票及工作票填写时间是否存在逻辑错误或与实际不符。	□

续表

序号	作业内容	涉及严重违章条款	严重违章释义	检查项目	执行情况
27	变压器检修	未经许可即开始工作，全部工作未结束即办理终结手续	公司系统电网生产作业未经调度管理部门或设备运维管理单位许可，擅自开始工作。	检查现场所有安全措施是否正确执行完毕。检查作业动态记录仪是否正确佩戴，电量充足。	□
28				检查抢修票、工作票及分票、操作票、动火票等生产作业是否经签字许可。	□
29			在用户设备上工作，许可工作前，工作负责人未检查确认用户设备的运行状态、安全措施是否符合作业的安全要求。	工作许可人会同工作负责人到现场再次检查所做的安全措施，对具体的设备指明实际的隔离措施，证明检修设备确无电压。	□
30				工作许可人对工作负责人指明带电设备的位置和注意事项，和工作负责人在工作票上分别确认并签名。	□
31			多小组工作，小组负责人未得到工作负责人的许可即开始工作；工作负责人未得到所有小组负责人工作结束的汇报，就与工作许可人办理工作终结手续。	检查总、分工作票上是否有工作负责人签字。	□
32				检查小组负责人工作结束的汇报记录。	□

续表

序号	作业内容	涉及严重违章条款	严重违章释义	检查项目	执行情况
33	变压器检修	工作负责人（作业负责人、专责监护人）不在现场	工作负责人（作业负责人、专责监护人）未到作业现场。	检查工作负责人是否到作业现场。	□
34				检查小组作业负责人是否到作业现场。	□
35				检查专责监护人是否到作业现场。	□
36			工作负责人（作业负责人）暂时离开作业现场时，未指定能胜任的人员临时代替；或长时间离开作业现场时，未由原工作票签发人变更工作负责人。	检查临时代替人员是否具备工作负责人资质，询问临时代替人员是否掌握现场情况。	□
37				检查工作负责人（作业负责人）长时间离开作业现场时是否有变更记录 。	□
38			专责监护人临时离开作业现场时，未通知被监护人员停止作业；或长时间离开作业现场时，未由工作负责人变更专责监护人。	检查工作班成员是否存在无监护独立作业情况。	□
39				检查工作票是否有变更记录。	□
40		作业人员不清楚工作任务、工作范围、危险点	工作负责人（作业负责人）不了解现场所有的工作内容，不掌握危险点及安全防控措施。	检查工作负责人是否在安全交底和工作票上签字确认，到岗到位人员对工作负责人进行提问，确认其是否掌握相关危险点。	□

续表

序号	作业内容	涉及严重违章条款	严重违章释义	检查项目	执行情况
41	变压器检修	作业人员不清楚工作任务、工作范围、危险点	专责监护人不掌握监护范围内的工作内容、危险点及安全防控措施。	检查专责监护人是否在安全交底和工作票上签字确认，到岗到位人员对专责监护人进行提问，确认其是否掌握相关危险点。	□
42			作业人员不熟悉本人参与的工作内容，不掌握危险点及安全防控措施。	检查作业人员是否在安全交底和工作票确认签字，工作负责人对作业人员进行提问，确认其是否掌握相关危险点。	□
43		应用未用或使用不合格的安全工器具	在高处作业、垂直交叉作业、立杆架线、起重吊装等存在高坠、物体打击风险的作业区域内，人员未佩戴安全帽。	工作负责人负责检查登高作业人员是否正确佩戴安全帽。	□
44			应用未用或使用的个体防护装备（安全带、安全绳、静电防护服、防电弧服、屏蔽服装等）、绝缘安全工器具［验电器、接地线、绝缘手套（高压）、绝缘靴、绝缘杆、绝缘遮蔽罩、绝缘隔板等］等专用工具和器具未检测或检测结果不合格。	工作负责人负责检查全部作业人员个体防护用品、绝缘安全工器具等专用工具和器具是否检验合格，到岗到位人员负责复核。	□

续表

序号	作业内容	涉及严重违章条款	严重违章释义	检查项目	执行情况
45	变压器检修	作业点未在接地保护范围	作业人员擅自移动、拆除接地线（接地刀闸）。	检查现场接地线（接地刀闸）是否与工作票保持一致。	□
46			在平行或邻近带电设备、交叉跨越或同杆架设等易产生感应电压的地点工作，未加装工作接地线或个人保安线。	检查现场在平行或邻近带电设备、交叉跨越或同杆架设等易产生感应电压的地点工作，是否加装工作接地线或个人保安线。	□
47		在带电设备周围违规使用金属器具	在带电设备周围使用钢卷尺、皮卷尺和线尺（夹有金属丝者）进行测量工作。	到岗到位人员负责检查现场作业是否使用钢卷尺、皮卷尺和线尺（夹有金属丝者）。	□
48			在变、配电站（开关站）的带电区域内或邻近带电线路处，使用金属梯子、金属脚手架。	到岗到位人员负责检查作业人员是否在带电区域或邻近带电线路处使用金属梯、金属脚手架。	□
49		高处作业失去保护	高处作业人员在上下、转移作业位置时，失去安全保护。	检查高处作业人员是否正确使用安全带、速差保护器（高空防坠器、速差自锁器），安全工器具是否合格，是否在检验周期范围内。	□

续表

序号	作业内容	涉及严重违章条款	严重违章释义	检查项目	执行情况
50	变压器检修	高处作业失去保护	高处作业未搭设脚手架，未使用高空作业车、升降平台或采取其他防止坠落措施。	检查高处作业人员是否正确使用安全带、速差保护器。	□
51				检查高处作业是否搭设脚手架，是否使用高空作业车、升降平台或采取其他防止坠落措施。	□
52				检查是否使用金属脚手架。	□
53		大型机械在运行站内或邻近带电线路处违规作业	未经设备运维单位批准，擅自改变运行站内起重机、高空作业车、挖掘机等大型机械的工作内容、工作方式、行进路线、作业地点等。	检查大型机械的工作内容、工作方式、行进路线、作业地点等与方案是否一致。	□
54			近电作业起重机、高空作业车未接地。	起重机、高空作业车是否接地。	□
55				接地连接处是否良好。	□
56				吊车接地线是否破损。	□
57				接地线是否应用多股软铜线。	□
58				接地体埋深是否满足 0.6m 要求。	□
59				接地线截面是否大于 16mm^2。	□
60			近电吊装作业人员徒手扶持吊件。	作业人员是否使用控制绳或扶持时是否使用绝缘手套。	□

续表

序号	作业内容	涉及严重违章条款	严重违章释义	检查项目	执行情况
61				机具应由了解其性能并熟悉使用知识的人员操作和使用，作业现场应检查机具驾驶人员驾驶证、起重作业证。	□
62				检查现场吊装作业方案、核对现场使用机具起重臂上起重力矩标尺，校核重物距离、重量满足不准超负荷使用。	□
63	变压器检修	起重吊装作业未采取防倾倒措施，超限吊装	起重设备、受力工器具（抱杆连接螺栓、吊索具、卸扣等）超负荷使用。	吊装前应谨慎选择吊点、保证物体重心位于吊点下方。吊装互感器、避雷器等细长状设备，吊点在物体重心下方时，应保证至少四个吊点同时受力，物体上部应使用绳索与吊绳（吊带）绑扎固定。	□
64				吊装套管类设备时，应使用专用工装，或按照厂家说明书选择适当伞裙作为吊点。	□
65			起重机车轮、支腿或履带的前端、外侧与沟、坑边缘的距离小于沟、坑深度的1.2倍时，未采取防倾倒、防坍塌措施。	检查现场作业环境，是否存在沟、坑情况，起重机车轮、支腿或履带的前端、外侧与沟、坑边缘的距离小于沟、坑深度的2倍时，应采取防倾倒、防坍塌措施。	□

续表

序号	作业内容	涉及严重违章条款	严重违章释义	检查项目	执行情况
66	变压器检修	起重吊装作业未采取防倾倒措施，超限吊装	起重机车轮、支腿或履带的前端、外侧与沟、坑边缘的距离小于沟、坑深度的 1.2 倍时，未采取防倾倒、防坍塌措施。	如遇地质松软，应采取敷设铁板措施增大支腿受力面积。起吊前先受力试吊，确认钢板无沉陷现象时再行吊起重物。	☐
67			吊车未安装限位器。	现场检查吊车是否安装高度限位器，确认可以限制吊钩起升高度，防止过卷。	☐
68		起重作业无专人指挥	被吊重量达到起重作业额定起重量的 80%。	检查前述 7 种情况起重作业有无专人指挥，并在工作票中记录填写。	☐
69			两台及以上起重机械联合作业。		☐
70			起吊精密物件、不易吊装的大件或在复杂场所（人员密集区、场地受限或存在障碍物）进行大件吊装。		☐
71			起重机械在临近带电区域作业。		☐
72			易燃易爆品必须起吊时。		☐
73			起重机械设备自身的安装、拆卸。		☐
74			新型起重机械首次在工程上应用。		☐

续表

序号	作业内容	涉及严重违章条款	严重违章释义	检查项目	执行情况
75	变压器检修	危险性较大的施工平台无施工方案、超载使用	悬吊式作业平台、混凝土承重支撑架、24m以上落地脚手架无施工方案，使用前未经监理验收即投入使用。	检查是否有经审批通过的施工方案。	□
76				检查使用前是否有监理验收记录。	□
77			吊篮、悬吊式作业平台未设置上限位装置，在作业面下方涉及危险部位、设备设施安全防护、交叉作业等情况的未设置下限位装置。	检查现场是否按要求设置上限位及下限位装置。	□
78				检查限位装置功能是否正常。	□
79			吊篮、悬吊式作业平台、混凝土承重支撑架、24m以上落地脚手架超载使用或荷载严重不均。	检查吊篮、悬吊式作业平台、混凝土承重支撑架、24m以上落地脚手架载荷名牌是否满足现场使用要求。	□
80			脚手架拆除作业未按自上而下的顺序进行，采用上下层同时作业、自下而上或推倒的方式拆除脚手架。	检查现场脚手架拆除是否按自上而下的顺序按步逐层进行。注意主副架拆除顺序，应先进行主架拆除。	□

序号	作业内容	涉及严重违章条款	严重违章释义	检查项目	执行情况
81		对带有压力的设备开展拆解作业前未泄压	略。	充油设备解体前应先采取排油措施，要同时保证油面处于解体部位下方，已排油的空腔部分与大气连通。	□
82	变压器检修	电容性设备未充分放电	高压试验变更接线或试验结束时，未将升压设备的高压部分放电、短路接地。未装接地线的大电容被试设备未先行放电再做试验。	检查确认高压试验变更接线或试验结束是否进行多次充分放电、短路接地。	□
83				检查试验前大电容设备是否有放电记录。	□

存在问题		
整改措施		
检查人	人员角色	检查时间

注 不存在问题，执行情况打“√”；存在问题，执行情况打“×”；不涉及该项打“/”。

续表

作业内容：调相机检修

序号	作业内容	涉及严重违章条款	严重违章释义	检查项目	执行情况
1	调相机检修	重要工序、关键环节作业未按施工方案或规定程序开展	电网建设工程施工重要工序及关键环节未按施工方案中作业方法、标准或规定程序开展作业。	技改大修工程、有限空间作业、起重作业等风险等级高的作业，均要制定专项方案，并对特种作业人员进行专项安全技术交底。	□
2				现场作业的重要工序及环节严格按照专项方案中的作业方法、标准、规定程序开展。	□
3			针对《国家电网有限公司关于印发严控严防重特大人身事故硬措施通知》15类典型作业场景，未按规定落实强制措施。	落实《国家电网有限公司关于印发严控严防重特大人身事故硬措施通知》中的3类典型作业场景强制措施。 有限空间人员中毒窒息事故：一是作业期间遇到台风、强降雨、作业现场出现极端高温（39℃以上）时，工作负责人或现场管理人员应立即下令停止作业，撤离工作现场。二是有限空间内氧含量浓度低于或者有毒有害气体浓度高于国家标准或者行业标准规定的限值时，应立即停止有限空间作业，撤离作业现场。三是如通风设备停止运转、气体实时监测装置、远程监控设备、安全防护设备与个体防护装备等关键设备故障并失去其本身的联络、防护、	□

续表

序号	作业内容	涉及严重违章条款	严重违章释义	检查项目	执行情况
3				报警等功能，作业人员应立即中断工作并撤离现场。四是作业人员在作业过程中发现自身或他人出现呼吸困难、呕吐、头晕等不适症状时，应立即停止作业，撤离现场。	□
4	调相机检修	重要工序、关键环节作业未按施工方案或规定程序开展	针对《国家电网有限公司关于印发严控严防重特大人身事故硬措施通知》15类典型作业场景，未按规定落实强制措施。	电缆集中场所火灾事故：一是作业期间遇到台风、强降雨、作业现场出现极端高温（39℃以上）、有害气体浓度超标、含氧量偏低时，工作负责人或现场管理人员应立即下令停止作业，撤离工作现场。二是作业现场消烟雾报警装置、高压细水雾等消防系统无法正常工作时，工作负责人或现场管理人员应立即下令停止作业并撤离工作现场。三是施工期间，若出现作业现场视频 信号异常、气体监测中断等情况，后台视频监控人员应立即 告知现场工作负责人及管理人员，工作负责人或现场管理人 员应立即下令停止作业，清点人数，撤离工作现场。	□

续表

序号	作业内容	涉及严重违章条款	严重违章释义	检查项目	执行情况
5	调相机检修	重要工序、关键环节作业未按施工方案或规定程序开展	针对《国家电网有限公司关于印发严控严防重特大人身事故硬措施通知》15类典型作业场景，未按规定落实强制措施。	变电近电吊装发生触电伤亡事故：一是遇有雷电、雨、雪、雹、雾和五级风速（大于8.0m/s）以上大风等恶劣天气时，工作负责人或现场管理人员应立即下令停止作业。二是发现未按方案施工、与带电设备安全距离不足、接地不可靠、夜间施工照明不足、指令不清楚、关键人员（工作负责人、专责监护人、吊车指挥）不在现场、吊车运行不正常等情况，任何发现人员均有权提出立即停止作业。	☐
6		无计划作业	安全风险管控监督平台无日作业计划（含临时计划、抢修计划）。	已在风控平台中录入日计划。	☐
7				计划内容包含现场作业内容。	☐
8				作业计划风险等级定级准确。	☐
9			安全风险管控监督平台无日作业计划（含临时计划、抢修计划）	临时计划、抢修计划需取得计划变更单后在风控平台中录入。	☐
10			安全风险管控监督平台中日计划未开工，现场已开展作业；现场作业过程中，计划状态为取消、完工等状态。	现场实际作业过程中，安全风险管控监督平台中的作业计划状态是开工状态，不是取消或完工状态。	☐
11		作业人员不清楚工作任务、工作范围、危险点	工作负责人（作业负责人）不了解现场所有的工作内容，不掌握危险点及安全防控措施。	通过工作负责人（作业负责人）自查，到岗到位人员和安全督查人员现场拷问等形式，检查工作负责人（作业负责人）是否掌握作业现场的工作任务、带电区域、危险点、安全措施。	☐

续表

序号	作业内容	涉及严重违章条款	严重违章释义	检查项目	执行情况
12	调相机检修	作业人员不清楚工作任务、工作范围、危险点	工作负责人（作业负责人）不了解现场所有的工作内容，不掌握危险点及安全防控措施。	通过工作负责人（作业负责人）自查，到岗到人员位和安全督查人员现场拷问等形式，检查工作负责人（作业负责人）是否掌握每一个作业人员的身体状况和精神状态可否满足现场作业要求。	□
13			专责监护人不掌握监护范围内的工作内容、危险点及安全防控措施。	通过专责监护人自查，工作负责人、到岗到位人员和安全督查人员现场拷问等形式，检查专责监护人是否掌握作业现场监护范围内的工作内容、带电区域、危险点、安全措施。	□
14				通过专责监护人自查，工作负责人、到岗到位人员和安全督查人员现场拷问等形式，检查专责监护人是否掌握作业现场监护范围内的每一个作业人员的身体状况和精神状态可否满足现场作业要求。	□
15			作业人员不熟悉本人参与的工作内容，不掌握危险点及安全防控措施。	通过工作班成员自查，工作负责人、专责监护人、到岗到位人员和安全督查人员现场拷问等形式，检查作业人员是否熟知作业现场工作负责人安排的工作任务、带电区域、危险点、安全措施。	□

续表

序号	作业内容	涉及严重违章条款	严重违章释义	检查项目	执行情况
16	调相机检修	超出作业范围未经审批	在原工作票的停电及安全措施范围内增加工作任务时，未征得工作票签发人和工作许可人同意，未在工作票上增填工作项目。	工作负责人检查工作票内工作任务是否与实际工作任务相符。	□
17				到岗到位和安全督查人员现场拷问工作票签发人和工作许可人是否掌握并同意工作票内作业内容。	□
18				工作票签发人、工作许可人、到岗到位人员和安全督查人员检查现场作业内容是否均在工作票上正确填写。	□
19			原工作票增加工作任务需变更或增设安全措施时，未重新办理新的工作票，并履行签发、许可手续。	工作负责人、专责监护人、工作票签发人、工作许可人、到岗到位人员和安全督查人员检查现场新增作业内容是否需要变更或增设安全措施。	□
20				工作票签发人、工作许可人、到岗到位人员和安全督查人员检查需要变更或增设安全措施的新增工作任务是否重新办理工作票，并履行签发、许可手续。	□
21		作业点未在接地保护范围	装设接地线（接地刀闸）前未验电。	在装设接地线（接地刀闸）前，当值运维人员、工作许可人、工作负责人应严格执行验电程序。	□
22				当值运维人员、工作许可人、工作负责人应检查装设接地线人员是否佩戴绝缘手套。	□

续表

序号	作业内容	涉及严重违章条款	严重违章释义	检查项目	执行情况
23	调相机检修	作业点未在接地保护范围	停电工作的设备或地段，可能来电（包括反送电）的各方未在正确位置装设接地线（接地刀闸）。	作业前充分考虑作业区域可能来电侧与存在感应电压的情况，并在工作票中明确写出悬挂接地线区域。	□
24	调相机检修	作业点未在接地保护范围	停电工作的设备或地段，可能来电（包括反送电）的各方未在正确位置装设接地线（接地刀闸）。	装设接地线应先装设接地端，后装导体端。	□
25	调相机检修	作业点未在接地保护范围	停电工作的设备或地段，可能来电（包括反送电）的各方未在正确位置装设接地线（接地刀闸）。	装设的接地线区域应充分考虑接地线摆动范围在安全距离范围内。	□
26	调相机检修	作业点未在接地保护范围	停电工作的设备或地段，可能来电（包括反送电）的各方未在正确位置装设接地线（接地刀闸）。	装设的接地线（接地刀闸）与检修设备之间不得连有断路器或熔断器。	□
27	调相机检修	作业点未在接地保护范围	停电工作的设备或地段，可能来电（包括反送电）的各方未在正确位置装设接地线（接地刀闸）。	装设接地线应装在导电部分，去除油漆或绝缘层。	□
28	调相机检修	作业点未在接地保护范围	停电工作的设备或地段，可能来电（包括反送电）的各方未在正确位置装设接地线（接地刀闸）。	装设接地线禁止使用缠绕的方法接地。	□
29	调相机检修	作业点未在接地保护范围	作业人员擅自移动、拆除接地线（接地刀闸）。	工作负责人、专责监护人、到岗到位人员和安全督查人员检查接线线（接地刀闸）与工作票对应关系，现场任何人员不得擅自移动、拆除接线线（接地刀闸）。	□
30	调相机检修	作业点未在接地保护范围	在平行或邻近带电设备、交叉跨越或同杆架设等易产生感应电压的地点工作，未加装工作接地线或个人保安线。	工作负责人、专责监护人、到岗到位人员和安全督查人员检查作业区域是否存在平行或邻近带电设备、交叉跨越或同杆架设等易产生感应电压的地点。	□

续表

序号	作业内容	涉及严重违章条款	严重违章释义	检查项目	执行情况
31	调相机检修	作业点未在接地保护范围	在平行或邻近带电设备、交叉跨越或同杆架设等易产生感应电压的地点工作，未加装工作接地线或个人保安线。	在易产生感应电压的地点作业，工作负责人、专责监护人、到岗到位人员和安全督查人员检查作业人员是否加装接地线或个人保安线。	□
32	调相机检修	无票作业	未按照《安规》规定使用工作票（施工作业票）、操作票、事故紧急抢修单、作业申请单。	工作负责人、专责监护人、到岗到位人员和安全督查人员检查现场任何种类的作业、任何风险等级的作业，是否正确使用工作票、操作票、事故紧急抢修单、作业申请单。	□
33	调相机检修	无票作业	未根据值班调控人员或运维负责人正式发布的指令进行倒闸操作。	倒闸操作严格执行值班调控人员或运维负责人正式发布的指令。	□
34	调相机检修	无票作业	未根据值班调控人员或运维负责人正式发布的指令进行倒闸操作。	严禁单人倒闸操作。	□
35	调相机检修	无票作业	在油罐区、注油设备、电缆间、计算机房、换流站阀厅等防火重点部位（场所）以及政府部门、本单位划定的禁止明火区动火作业时，未使用动火票。	工作负责人、专责监护人、到岗到位人员和安全督查人员检查动火作业是否正确使用动火工作票。	□

续表

序号	作业内容	涉及严重违章条款	严重违章释义	检查项目	执行情况
36	调相机检修	票面（包括作业票、工作票及分票、动火票、操作票等）关键内容缺失或错误	操作票操作设备双重名称，拉合开关、刀闸的顺序以及位置检查、验电、装拆接地线（拉合接地刀闸）、投退保护压板（软压板）等关键内容遗漏或错误。	倒闸操作必须使用操作票。	□
37				运维负责人、到岗到位人员和安全督查人员检查现场操作票上操作设备双重名称，拉合开关、刀闸的顺序以及位置检查、验电、装拆接地线（拉合接地刀闸）、投退保护压板（软压板）等关键内容是否遗漏或错误,人员签字确认无误。	□
38			工作票（含分票、工作任务单、动火票等）票面缺少工作许可人、工作负责人、工作票签发人、工作班成员（含新增人员）等签字信息。票面线路名称（含同杆多回线路双重称号）、设备双重名称填写错误。票面防触电、防高坠、防倒（断）杆、防窒息等重要安全技术措施遗漏或错误。工作票延期、工作负责人变更等未在票面上准确记录。作业票缺少审核人、签发人、作业人员（含新增人员）等签字信息。	使用的工作票种类正确。	□
39				工作负责人、专责监护人、工作票签发人、工作许可人、到岗到位人员和安全督查人员检查是否存在以下问题，一是工作票（含分票、工作任务单、动火票等）票面缺少工作许可人、工作负责人、工作票签发人、工作班成员（含新增人员）等签字信息；二是票面线路名称（含同杆多回线路双重称号）、设备双重名称填写错误；三是票面防触电、防高坠、防倒（断）杆、防窒息等重要安全技术措施遗漏或错误；四是工作票延期、工作负责人变更等未在票面上准确记录；五是作业票缺少审核人、签发人、作业人员（含新增人员）等签字信息。	□

续表

序号	作业内容	涉及严重违章条款	严重违章释义	检查项目	执行情况
40	调相机检修	票面（包括作业票、工作票及分票、动火票、操作票等）关键内容缺失或错误	操作票发令、操作开始、操作结束时间以及工作票（含分票、工作任务单、动火票、作业票等）签发、许可、计划开工、结束时间存在逻辑错误或与实际不符。	工作负责人、专责监护人、运维负责人、工作票签发人、工作许可人、到岗到位人员和安全督查人员应核实操作票、工作票上的签发时间、许可时间、开工时间、完工时间与实际相符，且不存在逻辑上错误。	□
41		未经许可即开始工作；全部工作未结束即办理终结手续	公司系统电网生产作业未经调度管理部门或设备运维管理单位许可，擅自开始工作。	现场任何作业均必须取得许可人许可，且任何人员进入现场作业必须取得运维管理单位批准方可进入现场作业。	□
42			多小组工作，小组负责人未得到工作负责人的许可即开始工作；工作负责人未得到所有小组负责人工作结束的汇报，就与工作许可人办理工作终结手续。	分作业面要设立专责监护人，与工作负责人实行同进同出原则。	□
43				分作业面负责人要听从工作负责人统一安排，得到工作负责人同意后方可在作业面进行工作。	□
44				工作负责人要掌握现场各分作业面作业进度，所有作业面均完工后，再向工作许可人报完工，才可以办理工作票终结。	

续表

序号	作业内容	涉及严重违章条款	严重违章释义	检查项目	执行情况
45	调相机检修	人员资质不符合现场作业要求	现场作业人员、监理人员未经安全准入考试并合格。	工作票上工作负责人、签发人、工作班成员、新增工作班成员，在风控平台查询准入状态均为“有效”。	□
46			不具备“三种人”资格的人员担任工作票签发人、工作负责人或许可人。	工作票签发人、工作许可人、工作负责人应是经地市级公司“三种人”认证考试合格后，书面批准发布的人员。	□
47				“三种人”应具有相关工作经验，熟悉设备情况及本岗位作业安全管控措施。	□
48			特种设备作业人员、特种作业人员、危险化学品从业人员未依法取得资格证书。	特种作业人员，必须持有国家特种作业管理部门批准认可的特种作业资质证书。	□
49				特种设备，必须经过特种设备检测机构检测，并下发特种设备校验合格证。	□
50				特种作业人员资质证书、特种设备检验合格证书必须在有效期内。	□

续表

序号	作业内容	涉及严重违章条款	严重违章释义	检查项目	执行情况
51	调相机检修	人员资质不符合现场作业要求	特种设备作业人员、特种作业人员、危险化学品从业人员未依法取得资格证书。	危化品从业人员应持有危化品从业资质证书。	☐
52		未计算拉线、地锚受力情况和近电作业安全距离情况	抱杆、牵张机、索道设备的地锚、拉线，铁塔锚固、导地线锚固的地锚、拉线受力情况未经过验算。	作业前通过现场勘察，要明确计算验算地锚、拉线受力情况。	☐
53			在带电设备附近作业前，未根据带电体安全距离要求，对施工作业中可能进入安全距离内的人员、机具、构件等进行计算校核；或校核结果与现场实际不符，不满足安全要求时未采取有效措施。	作业前通过现场勘察，要执行“三算四验五禁止”，校核邻近带电体作业安全距离。	☐
54			地锚、拉线未经验收合格即投入使用。	拉线、地锚投入使用前必须通过验收。	☐
55		专项施工方案未按规定编审批	对“超过一定规模的危险性较大的分部分项工程”（含大修、技改等项目），未组织编制专项施工方案（含安全技术措施），未按规定论证和审批。	特种设备操作人员、特种设备指挥人员、运维单位管理人员、施工单位工作负责人等主要人员在大修、技改等项目实施前，要现场勘察制定专项方案，并经地市公司、省公司部门审核批准。	☐

续表

序号	作业内容	涉及严重违章条款	严重违章释义	检查项目	执行情况
56	调相机检修	专项施工方案未按规定编审批	对“超过一定规模的危险性较大的分部分项工程”（含大修、技改等项目），未组织编制专项施工方案（含安全技术措施），未按规定论证和审批。	三级及以上风险作业，作业前要进行现场勘察复测，专项方案如有变更改动，要经过管理人员、专家团队签字批准确认。	□
57				有限空间作业、起重作业要制定专项方案，并对特种作业人员进行专项安全技术交底。	□
58			针对《国家电网有限公司关于印发严控严防重特大人身事故硬措施通知》要求混凝土建（构）筑物垮塌、脚手架整体倒塌、深基坑及边坡施工等12类典型场景作业，未按规定编制、论证和审批专项施工方案。	专项施工方案经审批签字批准，签字无遗漏。	□
59		工作负责人（作业负责人、专责监护人）不在现场。	工作负责人（作业负责人、专责监护人）未到作业现场。	到岗到位人员、安全督查人员要检查工作负责人履职情况。	□

续表

序号	作业内容	涉及严重违章条款	严重违章释义	检查项目	执行情况
60	调相机检修	工作负责人（作业负责人、专责监护人）不在现场	工作负责人（作业负责人、专责监护人）未到作业现场。	工作负责人组织全体作业人员召开站班前会、站班后会。	□
61				工作负责人始终在作业现场进行作业监管。	□
62				专责监护人在监护区域内进行作业监管。	□
63				布控球、工业视频、作业动态记录仪能远程看到或联系到在作业现场的工作负责人、专责监护人。	□
64			工作负责人（作业负责人）暂时离开作业现场时，未指定能胜任的人员临时代替；或长时间离开作业现场时，未由原工作票签发人变更工作负责人。	工作负责人、专责监护人短时离开作业现场，指定能胜任人员进行临时代替，并在工作票上签字确认交接。	□
65				变更工作负责人需经工作票签发人与工作许可人同意，并履行变更工作负责人手续。	□
66			专责监护人临时离开作业现场时，未通知被监护人员停止作业；或长时间离开作业现场时，未由工作负责人变更专责监护人。	工作负责人、专责监护人短时离开作业现场，指定能胜任人员进行临时代替，并在工作票上签字确认交接。	□
67				变更专责监护人需经工作负责人同意，并在工作票上签字确认交接。	□
68			劳务分包人员担任工作负责人（作业负责人）。	严禁劳务分包人员担任工作负责人。	□
69				工作负责人必须由作业实施单位缴纳社保。	□

续表

序号	作业内容	涉及严重违章条款	严重违章释义	检查项目	执行情况
70	调相机检修	大型机械在运行站内或邻近带电线路处违规作业	在运行站内使用起重机、高空作业车、挖掘机等大型机械开展作业前，施工方案未经设备运维单位批准。	在运行站内使用起重机、高空作业车、挖掘机等大型机械开展作业前，必须经过现场勘察，严格落实“三算四验五禁止”要求，认真核算周边安全距离，起重司机、指挥必须参与现场勘察，并实行“双交底”。	□
71				大型机械在运行站内或邻近带电设备、带电线路等带电区域内作业，必须制定专项施工方案，施工方案必须经设备运维单位批准。	□
72				大型机械设备，使用单位必须与租赁单位签订租赁合同和安全协议，明确双方的有关机械安全管理要求和技术状况要求及安全责任等，合同内附有获得国家有关部门经营大型机械租赁的营业资质，严禁向个人租赁大型机械。	□
73			未经设备运维单位批准，擅自改变运行站内起重机、高空作业车、挖掘机等大型机械的工作内容、工作方式、行进路线、作业地点等。	大型机械在运行站内或邻近带电设备、带电线路等带电区域内作业，必须严格按照专项施工方案内工作内容、工作方式、行进路线、作业地点等作业。	□
74				大型机械进入作业现场执行“一车一人”管控，每台车安排一名运维人员进行安全监护。	□

续表

序号	作业内容	涉及严重违章条款	严重违章释义	检查项目	执行情况
75	调相机检修	大型机械在运行站内或邻近带电线路处违规作业	近电作业起重机、高空作业车未接地。	近电作业起重机、高空作业车必须接地。	□
76				作业车的接地线应用多股软铜线，其截面满足接地短路容量要求，但不得小于 $16mm^2$。	□
77			近电吊装作业人员徒手扶持吊件。	吊装作业人员严禁徒手扶持吊件，应使用牵引绳。	□
78		起重吊装作业未采取防倾倒措施，超限吊装	起重设备、受力工器具（抱杆连接螺栓、吊索具、卸扣等）超负荷使用。	起重设备、吊车、吊索（具）等选型应充分论证，受力工器具（抱杆连接螺栓、吊索具、卸扣等）工作负荷不准超过铭牌规定。	□
79				起吊前应检查吊带、卸扣、钢丝绳、防脱钩保险装置等吊装辅助设备，并确保合格。	□
80				吊装过程中，严禁吊车发动机熄火，接近和离开带电部位时，操作人不得离开操作台。	□
81			起重机车轮、支腿或履带的前端、外侧与沟、坑边缘的距离小于沟、坑深度的1.2倍时，未采取防倾倒、防坍塌措施。	起重机吊车支腿应衬垫枕木（衬垫支腿枕木不得少于两根且长度不得小于1.2m）。	□

续表

序号	作业内容	涉及严重违章条款	严重违章释义	检查项目	执行情况
82	调相机检修	起重吊装作业未采取防倾倒措施，超限吊装	起重机车轮、支腿或履带的前端、外侧与沟、坑边缘的距离小于沟、坑深度的 1.2 倍时，未采取防倾倒、防坍塌措施。	起重机车轮、支腿或履带的前端、外侧与沟、坑边缘的距离应不小于沟、坑深度的 1.2 倍时，若小于应采取防倾倒、防坍塌措施。	□
83			吊车未安装限位器。	检查吊车有无起重重量限制器。	□
84				检查吊钩有无上升极限和下降极限限位装置。	□
85		起重作业无专人指挥	被吊重量达到起重作业额定起重量的 80%。	起重作业的吊车驾驶人（操作人）、指挥人应持有效资格证书，并具备变电站内作业经验。	□
86			两台及以上起重机械联合作业。	吊装现场开工前指挥人和驾驶人（操作人）要进行充分沟通。	□
87			起吊精密物件、不易吊装的大件或在复杂场所（人员密集区、场地受限或存在障碍物）进行大件吊装。	指挥人穿与现场作业人员明确区分的专用颜色马夹。	□
88			起重机械在邻近带电区域作业。	指挥人员在指挥起重作业时，应使用旗语、手语、口哨等直接指挥方式进行指挥，禁止使用对讲机指挥，特殊作业环境必须使用对讲机作业的应提前进行报备，并取得监管单位许可批准后方可作业。	□

续表

序号	作业内容	涉及严重违章条款	严重违章释义	检查项目	执行情况
89	调相机检修	起重作业无专人指挥	易燃易爆品必须起吊时。	驾驶人（操作人）只有得到指挥人员一人的明确信号后方可开始作业，无论何时都应执行来自任何人发出的停止信号。	☐
90			起重机械设备自身的安装、拆卸。		☐
91			新型起重机械首次在工程上应用。		☐
92		牵引过程中人员处于受力绳索内角侧或直接拉拽受力导、引线	牵引过程中作业人员站在或跨在已受力的牵引绳、起吊绳、导地线的内角侧以及展放的线圈内。	牵引过程中，牵引绳、起吊绳、导地线要设置安全围栏，并安排专人看护，严禁作业人员站在或跨在已受力的牵引绳、起吊绳、导地线的内角侧以及展放的线圈内。	☐
93		危险性较大的施工平台无施工方案、超载使用	悬吊式作业平台、混凝土承重支撑架、24m及以上落地脚手架无施工方案，使用前未经监理验收即投入使用。	工作负责人及专责监护人要检查悬吊式作业平台、混凝土承重支撑架、24m以上落地脚手架搭建及作业的专项施工方案。	☐
94				使用前经监理验收合格后方可投入使用。	☐
95			吊篮、悬吊式作业平台未设置上限位装置，在作业面下方涉及危险部位、设备设施安全防护、交叉作业等情况的未设置下限位装置。	吊篮、悬吊式作业平台必须设置上限位装置。	☐
96				在作业面下方涉及危险部位、设备设施安全防护、交叉作业等情况时必须设置下限位装置。	☐

续表

序号	作业内容	涉及严重违章条款	严重违章释义	检查项目	执行情况
97	调相机检修	危险性较大的施工平台无施工方案、超载使用	吊篮、悬吊式作业平台、混凝土承重支撑架、24m以上落地脚手架超载使用或荷载严重不均。	吊篮、悬吊式作业平台、混凝土承重支撑架、24m以上落地脚手架严禁超载使用或荷载严重不均，最大作业载荷量应不大于铭牌最大载荷量的80%。	☐
98			脚手架拆除作业未按自上而下的顺序进行，采用上下层同时作业、自下而上或推倒的方式拆除脚手架。	脚手架拆除作业应按自上而下的顺序进行。	☐
99				脚手架严禁采用上下层同时作业、自下而上或推倒的方式拆除。	☐
100		大型机械在运行站内或邻近带电线路处违规作业	在运行站内使用起重机、高空作业车、挖掘机等大型机械开展作业前，施工方案未经设备运维单位批准。	在运行站内使用起重机、高空作业车、挖掘机等大型机械开展作业前，必须经过现场勘察，严格落实“三算四验五禁止”要求，认真核算周边安全距离，起重司机、指挥必须参与现场勘察，并实行“双交底”。	☐
101				大型机械在运行站内或邻近带电设备、带电线路等带电区域内作业，必须制定专项施工方案，施工方案必须经设备运维单位批准。	☐
102				大型机械设备，使用单位必须与租赁单位签订租赁合同和安全协议，明确双方的有关机械安全管理要求和技术状况要求及安全责任等，合同内附有获得国家有关部门经营大型机械租赁的营业资质，严禁向个人租赁大型机械。	☐

续表

序号	作业内容	涉及严重违章条款	严重违章释义	检查项目	执行情况
103	调相机检修	大型机械在运行站内或邻近带电线路处违规作业	未经设备运维单位批准，擅自改变运行站内起重机、高空作业车、挖掘机等大型机械的工作内容、工作方式、行进路线、作业地点等。	大型机械在运行站内或邻近带电设备、带电线路等带电区域内作业，必须严格按照专项施工方案内工作内容、工作方式、行进路线、作业地点等作业。	□
104				大型机械进入作业现场执行“一车一人”管控，每台车安排一名运维人员进行安全监护。	□
105			近电作业起重机、高空作业车未接地。	近电作业起重机、高空作业车必须接地。	□
106				作业车的接地线应用多股软铜线，其截面满足接地短路容量要求，但不得小于 $16mm^2$。	□
107			近电吊装作业人员徒手扶持吊件。	吊装作业人员严禁徒手扶持吊件，应使用牵引绳。	□
108		起重吊装作业未采取防倾倒措施，超限吊装	起重设备、受力工器具（抱杆连接螺栓、吊索具、卸扣等）超负荷使用。	起重设备、吊车、吊索（具）等选型应充分论证，受力工器具（抱杆连接螺栓、吊索具、卸扣等）工作负荷不准超过铭牌规定。	□

续表

序号	作业内容	涉及严重违章条款	严重违章释义	检查项目	执行情况
109	调相机检修	起重吊装作业未采取防倾倒措施，超限吊装	起重设备、受力工器具（抱杆连接螺栓、吊索具、卸扣等）超负荷使用。	起吊前应检查吊带、卸扣、钢丝绳、防脱钩保险装置等吊装辅助设备，并确保合格。	□
110				吊装过程中，严禁吊车发动机熄火，接近和离开带电部位时，操作人不得离开操作台。	□
111			起重机车轮、支腿或履带的前端、外侧与沟、坑边缘的距离小于沟、坑深度的 1.2 倍时，未采取防倾倒、防坍塌措施。	起重机吊车支腿应衬垫枕木（衬垫支腿枕木不得少于两根且长度不得小于 1.2m）。	□
112				起重机车轮、支腿或履带的前端、外侧与沟、坑边缘的距离应不小于沟、坑深度的 1.2 倍时，若小于应采取防倾倒、防坍塌措施。	□
113			吊车未安装限位器。	检查吊车有无起重重量限制器。	□
114				检查吊钩有无上升极限和下降极限限位装置。	□
115		起重作业无专人指挥	被吊重量达到起重作业额定起重量的 80%。	起重作业的吊车驾驶人（操作人）、指挥人应持有效资格证书，并具备变电站内作业经验。	□
116			两台及以上起重机械联合作业。	吊装现场开工前，指挥人和驾驶人（操作人）要进行充分沟通。	□
117			起吊精密物件、不易吊装的大件或在复杂场所（人员密集区、场地受限或存在障碍物）进行大件吊装。	指挥人穿与现场作业人员明确区分的专用颜色马夹。	□

续表

序号	作业内容	涉及严重违章条款	严重违章释义	检查项目	执行情况
118	调相机检修	起重作业无专人指挥	起重机械在邻近带电区域作业。	指挥人员在指挥起重作业时，应使用旗语、手语、口哨等直接指挥方式进行指挥，禁止使用对讲机指挥，特殊作业环境必须使用对讲机作业的应提前进行报备，并取得监管单位许可批准后方可作业。	□
119			易燃易爆品必须起吊时。	驾驶人（操作人）只有得到指挥人员一人的明确信号后方可开始作业，无论何时都应执行来自任何人发出的停止信号。	□
120			起重机械设备自身的安装、拆卸。		□
121			新型起重机械首次在工程上应用。		□
122		牵引过程中人员处于受力绳索内角侧或直接拉拽受力导、引线	牵引过程中作业人员站在或跨在已受力的牵引绳、起吊绳、导地线的内角侧以及展放的线圈内。	牵引过程中，牵引绳、起吊绳、导地线要设置安全围栏，并安排专人看护，严禁作业人员站在或跨在已受力的牵引绳、起吊绳、导地线的内角侧以及展放的线圈内。	□
123		危险性较大的施工平台无施工方案、超载使用	悬吊式作业平台、混凝土承重支撑架、24m以上落地脚手架无施工方案，使用前未经监理验收即投入使用。	工作负责人及专责监护人要检查悬吊式作业平台、混凝土承重支撑架、24m以上落地脚手架搭建及作业的专项施工方案。	□

续表

序号	作业内容	涉及严重违章条款	严重违章释义	检查项目	执行情况
124	调相机检修	危险性较大的施工平台无施工方案、超载使用	悬吊式作业平台、混凝土承重支撑架、24m 以上落地脚手架无施工方案，使用前未经监理验收即投入使用。	使用前经监理验收合格后方可投入使用。	□
125			吊篮、悬吊式作业平台未设置上限位装置，在作业面下方涉及危险部位、设备设施安全防护、交叉作业等情况的未设置下限位装置。	吊篮、悬吊式作业平台必须设置上限位装置。	□
126				在作业面下方涉及危险部位、设备设施安全防护、交叉作业等情况时必须设置下限位装置。	□
127			吊篮、悬吊式作业平台、混凝土承重支撑架、24m 以上落地脚手架超载使用或荷载严重不均。	吊篮、悬吊式作业平台、混凝土承重支撑架、24m 以上落地脚手架严禁超载使用或荷载严重不均，最大作业载荷量应不大于铭牌最大载荷量的 80%。	□
128			脚手架拆除作业未按自上而下的顺序进行，采用上下层同时作业、自下而上或推倒的方式拆除脚手架。	脚手架拆除作业应按自上而下的顺序进行。	□
129				脚手架严禁采用上下层同时作业、自下而上或推倒的方式拆除。	□
130		高处作业失去保护	高处作业人员在上下、转移作业位置时，失去安全保护。	高处作业人员正确穿戴五点式安全带。	□

续表

序号	作业内容	涉及严重违章条款	严重违章释义	检查项目	执行情况
131	调相机检修	高处作业失去保护	高处作业人员在上下、转移作业位置时，失去安全保护。	高处作业人员穿戴的五点式安全带经检验是合格有效的。	□
132				高处作业人员高处作业上下、转移作业时，未失去安全保护。	□
133			高处作业未搭设脚手架，未使用高空作业车、升降平台或采取其他防止坠落措施。	高处作业通过搭设脚手架、使用高空作业车、升降平台作业，并用好防坠器等防坠措施。	□
134				高处作业搭设的脚手架经监理、建管单位验收合格后投入使用。	□
135				高处作业使用的高空作业车、升降平台使用前经过检测合格，定期维护保养记录齐全。	□
136				操作高空作业车、升降平台需经过监管单位培训、考试合格后方可操作。	□
137				部分高处作业，如建筑物外墙壁清灰、安装广告牌等作业，必要时在作业人员下方采用防坠气垫等防坠措施。	□
138			在深基坑口、坝顶、陡坡、屋顶、悬崖、杆塔、吊桥以及其他危险的边沿进行工作，临空一面未装设安全网或防护栏杆，或作业人员未使用安全带。	在深基坑口、坝顶、陡坡、屋顶、悬崖、杆塔、吊桥以及其他危险的边沿进行工作，临空一面要装设安全网或防护栏杆。	□
139				作业人员必须使用安全带。	□

续表

序号	作业内容	涉及严重违章条款	严重违章释义	检查项目	执行情况
140	调相机检修	应用未用或使用不合格的安全工器具	在高处作业、垂直交叉作业、立杆架线、起重吊装等存在高坠、物体打击风险的作业区域内，人员未佩戴安全帽。	作业人员均正确佩戴安全帽。	□
141	调相机检修	应用未用或使用不合格的安全工器具	在高处作业、垂直交叉作业、立杆架线、起重吊装等存在高坠、物体打击风险的作业区域内，人员未佩戴安全帽。	作业人员佩戴的安全帽均经过报审，且在合格有效期内，无破损。	□
142	调相机检修	应用未用或使用不合格的安全工器具	操作没有机械传动的断路器（开关）、隔离开关（刀闸）或跌落式熔断器，未使用绝缘棒。	使用绝缘棒操作没有机械传动的断路器（开关）、隔离开关（刀闸）或跌落式熔断器	□
143	调相机检修	应用未用或使用不合格的安全工器具	应用未用或使用的个体防护装备（安全带、安全绳、静电防护服、防电弧服、屏蔽服装等）、绝缘安全工器具［验电器、接地线、绝缘手套（高压）、绝缘靴、绝缘杆、绝缘遮蔽罩、绝缘隔板等］等专用工具和器具未检测或检测结果不合格。	现场使用的安全工器具、施工机具、仪器仪表等工具均已经向运维单位报审。	□
144	调相机检修	应用未用或使用不合格的安全工器具	应用未用或使用的个体防护装备（安全带、安全绳、静电防护服、防电弧服、屏蔽服装等）、绝缘安全工器具［验电器、接地线、绝缘手套（高压）、绝缘靴、绝缘杆、绝缘遮蔽罩、绝缘隔板等］等专用工具和器具未检测或检测结果不合格。	现场使用的工器具均经过运维单位与监理单位审核批准。	□
145	调相机检修	应用未用或使用不合格的安全工器具	应用未用或使用的个体防护装备（安全带、安全绳、静电防护服、防电弧服、屏蔽服装等）、绝缘安全工器具［验电器、接地线、绝缘手套（高压）、绝缘靴、绝缘杆、绝缘遮蔽罩、绝缘隔板等］等专用工具和器具未检测或检测结果不合格。	现场使用的工器具均经过具有检测资质的单位检测合格，并贴有合格证。	□
146	调相机检修	应用未用或使用不合格的安全工器具	应用未用或使用的个体防护装备（安全带、安全绳、静电防护服、防电弧服、屏蔽服装等）、绝缘安全工器具［验电器、接地线、绝缘手套（高压）、绝缘靴、绝缘杆、绝缘遮蔽罩、绝缘隔板等］等专用工具和器具未检测或检测结果不合格。	现场工器具在使用有效期内，无破损。	□
147	调相机检修	在带电设备周围违规使用金属器具	在带电设备周围使用钢卷尺、皮卷尺和线尺（夹有金属丝者）进行测量工作。	带电设备周围作业现场严禁出现钢卷尺、皮卷尺和线尺等夹有金属丝或导电类测量工具。	□

续表

序号	作业内容	涉及严重违章条款	严重违章释义	检查项目	执行情况
148	调相机检修	在带电设备周围违规使用金属器具	在变、配电站（开关站）的带电区域内或邻近带电线路处，使用金属梯子、金属脚手架。	在带电设备周围测量使用绝缘尺、测距仪等测量工具。	□
149				带电区域内或邻近带电线路、带电设备周围作业现场严禁出现金属梯子、金属脚手架等登高作业工器具。	□
150				在带电设备周围测量使用绝缘梯、绝缘凳等登高作业工器具。	□
151		对带有压力的设备开展拆解作业前未泄压	对带有压力的设备开展拆解作业前未泄压。	充气、充油、充水等带有压力的设备在拆解前，应将内部压力泄压后方可进行拆解作业。	□
152				将放气泄压管道一端连接至放气阀，另一端远离作业人员并将管道固定牢靠，缓慢打开放气阀直至压力为0。	□
153				工作负责人应熟知设备内部结构，确保泄压充分。	□
154		约时停、送电；带电作业约时停用或恢复重合闸	电力线路或电气设备的停、送电未按照值班调控人员或工作许可人的指令执行，采取约时停、送电的方式进行倒闸操作。	有与现场一次设备和实际运行方式相符的一次系统模拟图(包括各种电子接线图)。	□
155				操作设备应具有明显的标志，包括命名、编号、分合指示，旋转方向、切换位置的指示及设备相色等。	□

<table>
<tr><th>序号</th><th>作业内容</th><th>涉及严重违章条款</th><th>严重违章释义</th><th>检查项目</th><th>执行情况</th></tr>
<tr><td>156</td><td rowspan="5">调相机检修</td><td rowspan="5">约时停、送电；带电作业约时停用或恢复重合闸</td><td rowspan="3">电力线路或电气设备的停、送电未按照值班调控人员或工作许可人的指令执行，采取约时停、送电的方式进行倒闸操作。</td><td>高压电气设备都应安装完善的防误操作闭锁装置。</td><td>□</td></tr>
<tr><td>157</td><td>有值班调度员、运行值班负责人正式发布的指令，并使用经事先审核合格的操作票。</td><td>□</td></tr>
<tr><td>158</td><td>不得采取约时停、送电的方式进行倒闸操作。</td><td>□</td></tr>
<tr><td>159</td><td rowspan="2">需要停用重合闸或直流线路再启动功能的带电作业未由值班调控人员履行许可手续，采取约时方式停用或恢复重合闸或直流线路再启动功能。</td><td>需要停用重合闸或直流线路再启动功能的带电作业由值班调控人员履行许可手续。</td><td>□</td></tr>
<tr><td>160</td><td>不得采取约时方式停用或恢复重合闸或直流线路再启动功能。</td><td>□</td></tr>
<tr><td colspan="2">存在问题</td><td colspan="4"></td></tr>
<tr><td colspan="2">整改措施</td><td colspan="4"></td></tr>
<tr><td colspan="3">检查人</td><td>人员角色</td><td colspan="2">检查时间</td></tr>
<tr><td colspan="3"></td><td></td><td colspan="2"></td></tr>
</table>

三、配电专业

作业内容：紧线、架线（更换导线）作业

序号	作业阶段	涉及严重违章条款	严重违章释义	检查项目	执行情况
1	紧线、架线（更换导线）作业	无计划作业	安全风险管控监督平台无日作业计划（含临时计划、抢修计划）。	督查人员、工作负责人、到岗到位人员结合作业现场核查安全风险管控监督平台计划是否存在。	□
2			安全风险管控监督平台中日计划未开工，现场已开展作业。现场作业过程中，计划状态为取消、完工等状态。	督查人员、工作负责人、到岗到位人员作业前、中、后查询安全风险管控监督平台作业计划状态是否与实际作业状态相符。	□
3		作业人员不清楚工作任务、工作范围、危险点	工作负责人（作业负责人）不了解现场所有的工作内容，不掌握危险点及安全防控措施。	工作负责人是否按要求开展现场勘察，提前知晓工作票内容，并做好工作准备。	□
4				工作负责人是否正确、安全地组织工作。	□
5				工作负责人工作前，是否对工作班成员进行工作任务、安全措施交底和危险点告知，并确保每个工作班成员都已签名确认。	□
6			专责监护人不掌握监护范围内的工作内容、危险点及安全防控措施。	工作负责人检查专责监护人是否由具有相关专业工作经验、熟悉工作范围内的设备情况和本文件的人员担任。	□
7				工作负责人检查工作票内是否明确被监护人员和监护范围。	□

续表

序号	作业阶段	涉及严重违章条款	严重违章释义	检查项目	执行情况
8	紧线、架线（更换导线）作业	作业人员不清楚工作任务、工作范围、危险点	专责监护人不掌握监护范围内的工作内容、危险点及安全防控措施。	工作负责人检查工作前专责监护人是否对被监护人员交代监护范围内的安全措施，并告知危险点和安全注意事项。	☐
9				工作负责人检查专责监护人是否监督被监护人员遵守本文件和执行现场安全措施，并及时纠正被监护人员的不安全行为。	☐
10			作业人员不熟悉本人参与的工作内容，不掌握危险点及安全防控措施。	工作负责人检查作业人员是否熟悉工作内容、工作流程，是否掌握安全措施，是否明确工作中的危险点，并在工作票上履行交底签名确认手续。	☐
11				工作负责人检查作业人员是否服从专责监护人的指挥，是否严格遵守本文件和劳动纪律，能否在指定的作业范围内工作，并对自己在工作中的行为负责且互相关心工作安全。	☐
12		超出作业范围未经审批	在原工作票的停电及安全措施范围内增加工作任务时，未征得工作票签发人和工作许可人同意，未在工作票上增填工作项目。	到岗到位人员检查在原工作票的停电及安全措施范围内增加工作任务时，是否由工作负责人征得工作票签发人和工作许可人同意，并在工作票上增填工作项目。	☐

续表

序号	作业阶段	涉及严重违章条款	严重违章释义	检查项目	执行情况
13	紧线、架线(更换导线)作业	超出作业范围未经审批	原工作票增加工作任务需变更或增设安全措施时，未重新办理新的工作票，并履行签发、许可手续。	到岗到位人员检查原工作票增加工作任务需变更或增设安全措施时，是否重新办理新的工作票，并履行签发、许可手续。	□
14		作业点未在接地保护范围	装设接地线（接地刀闸）前未验电。	专责监护人检查装设接地线或合接地刀闸处是否逐相分别验电。	□
15				工作负责人检查验电是否有人监护。	□
16				专责监护人检查是否确证验电器良好。	□
17				专责监护人检查是否带电部位应保持规定的安全距离。	□
18				专责监护人检查验电时手是否超过护环。	□
19				专责监护人检查是否戴绝缘手套。	□
20				专责监护人检查是否先验低压、后验高压，先验下层、后验上层，先验近侧、后验远侧。	□
21			停电工作的设备或地段，可能来电（包括反送电）的各方未在正确位置装设接地线（接地刀闸）。	工作负责人检查工作票内是否明确可能存在反送电的危险点。	□

续表

序号	作业阶段	涉及严重违章条款	严重违章释义	检查项目	执行情况
22	紧线、架线（更换导线）作业	作业点未在接地保护范围	停电工作的设备或地段，可能来电（包括反送电）的各方未在正确位置装设接地线（接地刀闸）。	工作负责人检查工作地段各端和工作地段内有可能反送电的各分支线是否都已经接地。	☐
23			作业人员擅自移动、拆除接地线（接地刀闸）。	作业前，工作负责人负责检查接地线安装位置是否正确。	☐
24				工作期间，工作负责人检查接地线是否被违规拆除、移动。	☐
25				工作结束后，工作负责人核对接地线是否全部拆除，接地线数量是否正确。	☐
26			配合停电的线路未在交叉跨越或邻近线路处附近装设接地线。	配合停电的交叉跨越或邻近线路，工作负责人负责监督在线路的交叉跨越或邻近处附近装设一组接地线。	☐
27			在平行或邻近带电设备、交叉跨越或同杆架设等易产生感应电压的地点工作，未加装工作接地线或个人保安线。	在平行或邻近带电设备、交叉跨越或同杆架设等易产生感应电压的地点工作，专责监护人监督作业人员是否加装接地线或使用个人保安线，加装（拆除）的接地线是否记录在工作票上。	☐
28			耐张塔挂线前，未使用导体将耐张绝缘子串短接。	工作负责人检查耐张塔挂线前，是否使用导体将耐张绝缘子串短接。	☐

续表

序号	作业阶段	涉及严重违章条款	严重违章释义	检查项目	执行情况
29	紧线、架线(更换导线)作业	作业点未在接地保护范围	放线区段有跨越、平行带电线路时，牵引机及张力机出线端的导（地）线及牵引绳上未安装接地滑车。	工作负责人检查放线区段有跨越、平行带电线路时，牵引机及张力机出线端的导（地）线及牵引绳上是否安装接地滑车。	□
30		高处作业、攀登或转移作业位置时失去保护	高处作业人员在上下、转移作业位置时，失去安全保护。	作业人员作业过程中，专责监护人检查安全带是否拴牢。	□
31				专责监护人负责检查作业人员在转移作业位置时是否失去安全保护。	□
32			高处作业未搭设脚手架，未使用高空作业车、升降平台或采取其他防止坠落措施。	工作负责人检查高处作业是否搭设脚手架，使用高空作业车、升降平台或采取其他防止坠落措施。	□
33				工作负责人检查使用高空作业车、升降平台等升空作业设备时，是否使用安全带，并将挂钩挂至牢固位置。	□
34				工作负责人检查采用脚扣、登高板等工具攀登杆塔作业时，是否正确使用安全带和后备保护绳。	□

续表

序号	作业阶段	涉及严重违章条款	严重违章释义	检查项目	执行情况
35	紧线、架线（更换导线）作业	高处作业、攀登或转移作业位置时失去保护	在深基坑口、坝顶、陡坡、屋顶、悬崖、杆塔、吊桥以及其他危险的边沿进行工作，临空一面未装设安全网或防护栏杆，或作业人员未使用安全带。	工作负责人检查峭壁、陡坡的工作场地或人行道上，冰雪、碎石、泥土是否经常清理，靠外面一侧应设 1050~1200mm 高的栏杆，栏杆内侧设 180mm 高的侧板。	□
36		无票作业	未按照《安规》规定使用工作票（施工作业票）、操作票、事故紧急抢修单、作业申请单。	到岗到位人员检查作业现场是否使用工作票。	□
37			未根据值班调控人员或运维负责人正式发布的指令进行倒闸操作。	工作负责人检查倒闸操作是否根据值班调控人员或运维人员的指令，受令人复诵或核对无误后执行。	□
38				工作负责人检查操作人员（包括监护人）是否了解操作目的和操作顺序。	□
39				工作负责人检查发令人、受令人、操作人员（包括监护人）均是否具备相应资质。	□
40				工作负责人检查高压电气设备倒闸操作是否填用配电倒闸操作票。	□
41			在油罐区、注油设备、电缆间、计算机房、换流站阀厅等防火重点部位（场所）以及政府部门、本单位划定的禁止明火区动火作业时，未使用动火票。	工作负责人检查在防火重点部位、存放易燃易爆物品的场所附近及存有易燃物品的容器上焊接、切割时，是否填用动火工作票，是否备有必要的消防器材。	□

续表

序号	作业阶段	涉及严重违章条款	严重违章释义	检查项目	执行情况
42	紧线、架线(更换导线)作业	无票作业	在油罐区、注油设备、电缆间、计算机房、换流站阀厅等防火重点部位（场所）以及政府部门、本单位划定的禁止明火区动火作业时，未使用动火票。	到岗到位人员检查动火工作票各级审批人员和签发人、工作负责人、许可人、消防监护人、动火执行人是否具备相应资质。	□
43			未针对跨越架搭设拆除、跨越封网等作业，办理被跨越电力线路的第一种工作票（停电情况）或第二种工作票（不停电情况），跨越未办理工作票。	工作负责人检查是否针对跨越架搭设拆除、跨越封网等作业，办理被跨越电力线路的第一种工作票（停电情况）或第二种工作票（不停电情况）。	□
44		票面（包括作业票、工作票及分票、动火票、操作票等）关键内容缺失或错误	操作票操作设备双重名称，拉合开关、刀闸的顺序以及位置检查、验电、装拆接地线（拉合接地刀闸）、投退保护压板（软压板）等关键内容遗漏或错误。	工作负责人检查由工作班组现场操作时，是否将设备的双重名称，线路的名称、杆号、位置，停电及送电操作和操作后检查内容等按操作顺序填写在工作票上。	□

续表

序号	作业阶段	涉及严重违章条款	严重违章释义	检查项目	执行情况
45	紧线、架线（更换导线）作业	票面（包括作业票、工作票及分票、动火票、操作票等）关键内容缺失或错误	操作票操作设备双重名称，拉合开关、刀闸的顺序以及位置检查、验电、装拆接地线（拉合接地刀闸）、投退保护压板（软压板）等关键内容遗漏或错误。	工作负责人检查拉合设备[断路器（开关）、隔离开关（刀闸）、跌落式熔断器、接地刀闸等]，验电，装拆接地线，合上（安装）或断开（拆除）控制回路或电压互感器回路的空气开关、熔断器，切换保护回路和自动化装置，切换断路器（开关）、隔离开关（刀闸）控制方式，是否检验确无电压。	□
46				工作负责人检查拉合设备[断路器（开关）、隔离开关（刀闸）、接地刀闸等]后是否检查设备的位置。	□
47				工作负责人检查停、送电操作，在拉合隔离开关（刀闸）或拉出、推入手车开关前，是否检查断路器（开关）确在分闸位置。	□
48				工作负责人检查在倒负荷或解、并列操作前后，是否检查相关电源运行及负荷分配情况。	□
49				工作负责人检查设备检修后合闸送电前，是否检查确认送电范围内接地刀闸已拉开、接地线已拆除。	□

续表

序号	作业阶段	涉及严重违章条款	严重违章释义	检查项目	执行情况
50	紧线、架线（更换导线）作业	票面（包括作业票、工作票及分票、动火票、操作票等）关键内容缺失或错误	工作票（含分票、工作任务单、动火票等）票面缺少工作许可人、工作负责人、工作票签发人、工作班成员（含新增人员）等签字信息。票面线路名称（含同杆多回线路双重称号）、设备双重名称填写错误。票面防触电、防高坠、防倒（断）杆、防窒息等重要安全技术措施遗漏或错误。工作票延期、工作负责人变更等未在票面上准确记录。作业票缺少审核人、签发人、作业人员（含新增人员）等签字信息。	工作负责人检查现场勘察后，应参加人员是否在现场勘察记录，并手工签字。	□
51				到岗到位人员检查工作票执行前，工作票签发和工作票负责人是否手工签发。	□
52				到岗到位人员检查票面上的时间、工作地点、线路名称、设备双重名称（即设备名称和编号）、动词等关键字是否涂改。	□
53				到岗到位人员检查如工作票实行“双签发”，双方工作票签发人是否在工作票上分别签名。	□
54				到岗到位人员检查在用户工程或设备上检修（施工）时，是否由有权签发的用户单位、施工单位或供电单位签发。	□
55				到岗到位人员检查一张工作票中，工作票签发人、工作许可人和工作负责人三者是否为同一人。	□

续表

序号	作业阶段	涉及严重违章条款	严重违章释义	检查项目	执行情况
56	紧线、架线（更换导线）作业	票面（包括作业票、工作票及分票、动火票、操作票等）关键内容缺失或错误	工作票（含分票、工作任务单、动火票等）票面缺少工作许可人、工作负责人、工作票签发人、工作班成员（含新增人员）等签字信息。票面线路名称（含同杆多回线路双重称号）、设备双重名称填写错误。票面防触电、防高坠、防倒（断）杆、防窒息等重要安全技术措施遗漏或错误。工作票延期、工作负责人变更等未在票面上准确记录。作业票缺少审核人、签发人、作业人员（含新增人员）等签字信息。	工作负责人检查工作票所列安全措施是否正确、完备，是否符合现场实际条件。	☐
57				工作负责人检查工作班成员是否熟悉工作内容、工作流程，是否掌握安全措施，是否明确工作中的危险点，并在工作票上履行交底签名确认手续。	☐
58				到岗到位人员检查办理工作票延期手续，是否在工作票的有效期内提出申请，延期手续是否记录在工作票上。	☐
59				到岗到位人员检查人员变动情况是否准确记录在工作票上。	☐
60			操作票发令、操作开始、操作结束时间以及工作票（含分票、工作任务单、动火票、作业票等）签发、许可、计划开工、结束时间存在逻辑错误或与实际不符。	到岗到位人员工作票记录的时间是否准确、真实。	☐
61				到岗到位人员许可工作的时间是否准确。	☐
62				到岗到位人员工作任务单的编号、具体工作任务、小组负责人姓名、工作许可、终结时间是否填写清楚。	☐
63				到岗到位人员终结报告的时间是否填写，工作负责人是否向工作许可人报告工作终结的时间。	☐

续表

序号	作业阶段	涉及严重违章条款	严重违章释义	检查项目	执行情况
64	紧线、架线(更换导线)作业	票面(包括作业票、工作票及分票、动火票、操作票等)关键内容缺失或错误	操作票发令、操作开始、操作结束时间以及工作票(含分票、工作任务单、动火票、作业票等)签发、许可、计划开工、结束时间存在逻辑错误或与实际不符。	到岗到位人员工作票中填写的时间是否满足逻辑关系。	□
65		工作负责人(作业负责人、专责监护人)不在现场	工作负责人(作业负责人、专责监护人)未到作业现场。	到岗到位人员检查工作负责人(作业负责人、专责监护人)是否在作业现场。	□
66			工作负责人(作业负责人)暂时离开作业现场时，未指定能胜任的人员临时代替。或长时间离开作业现场时，未由原工作票签发人变更工作负责人。	到岗到位人员检查工作期间，工作负责人暂时离开工作现场，是否指定能胜任的人员临时代替，离开前是否将工作现场交代清楚，并告知全体工作班成员。	□
67				到岗到位人员检查工作负责人长时间离开工作现场，是否由原工作票签发人变更工作负责人，是否履行变更手续，并告知全体工作班成员及所有工作许可人。	□

续表

序号	作业阶段	涉及严重违章条款	严重违章释义	检查项目	执行情况
68	紧线、架线（更换导线）作业	工作负责人（作业负责人、专责监护人）不在现场	工作负责人（作业负责人）暂时离开作业现场时，未指定能胜任的人员临时代替。或长时间离开作业现场时，未由原工作票签发人变更工作负责人。	到岗到位人员检查原、现工作负责人是否履行必要的交接手续，并在工作票上签名确认。	☐
69	紧线、架线（更换导线）作业	工作负责人（作业负责人、专责监护人）不在现场	专责监护人临时离开作业现场时，未通知被监护人员停止作业。或长时间离开作业现场时，未由工作负责人变更专责监护人。	工作负责人检查专责监护人临时离开时，是否通知被监护人员停止工作或离开工作现场。专责监护人回来前，不应恢复工作。	☐
70	紧线、架线（更换导线）作业	工作负责人（作业负责人、专责监护人）不在现场	专责监护人临时离开作业现场时，未通知被监护人员停止作业。或长时间离开作业现场时，未由工作负责人变更专责监护人。	工作负责人检查专责监护人长时间离开工作现场时，是否由工作负责人变更专责监护人，是否履行变更手续，并告知全体被监护人员。	☐
71	紧线、架线（更换导线）作业	工作负责人（作业负责人、专责监护人）不在现场	劳务分包人员担任工作负责人。	到岗到位人员检查劳务分包人员是否担任工作负责人（作业负责人）。	☐
72		未经许可即开始工作。全部工作未结束即办理终结手续	公司系统电网生产作业未经调度管理部门或设备运维管理单位许可，擅自开始工作。	到岗到位人员检查各工作许可人在发出许可下一步工作的命令前，是否完成工作票所列由其负责的停电和装设接地线等安全措施，并向工作负责人逐项交代。	☐

续表

序号	作业阶段	涉及严重违章条款	严重违章释义	检查项目	执行情况
73	紧线、架线（更换导线）作业	未经许可即开始工作。全部工作未结束即办理终结手续	公司系统电网生产作业未经调度管理部门或设备运维管理单位许可，擅自开始工作。	到岗到位人员检查值班调控人员、运维人员在向工作负责人发出许可工作的命令前，是否记录工作班组名称、工作负责人姓名、工作地点和工作任务。	□
74				到岗到位人员检查现场办理工作许可手续前，工作许可人是否与工作负责人核对线路名称、设备双重名称，检查核对现场安全措施，指明保留带电部位。	□
75				到岗到位人员检查工作许可后，工作负责人（小组负责人）是否向工作班（工作小组）成员交代工作内容、人员分工、带电部位、现场安全措施和其他注意事项，并告知危险点，工作班成员是否履行确认手续。	□
76				到岗到位人员检查工作负责人发出开始工作的命令前，是否得到全部工作许可人的许可，完成由其负责的安全措施，并确认工作票所列当前工作所需的安全措施已全部完成。	□
77				到岗到位人员检查带电作业需要停用重合闸（含已处于停用状态的重合闸），是否向值班调控人员或运维人员申请并履行工作许可手续。	□

续表

序号	作业阶段	涉及严重违章条款	严重违章释义	检查项目	执行情况
78	紧线、架线（更换导线）作业	未经许可即开始工作。全部工作未结束即办理终结手续	在用户设备上工作，许可工作前，工作负责人未检查确认用户设备的运行状态、安全措施是否符合作业的安全要求。	到岗到位人员检查在多电源和有自备电源的用户线路的高压系统接入点处，是否有明显断开点。	□
79				到岗到位人员检查用户工程或设备上检修（施工）时，工作票是否由有权签发的用户单位、施工单位或供电单位签发。	□
80				到岗到位人员检查用户侧设备检修，需电网侧设备配合停电时，停电操作前是否得到用户停送电联系人的书面申请，并经批准。	□
81				到岗到位人员检查在用户设备上工作，许可工作前，工作负责人是否检查确认用户设备的运行状态、安全措施符合作业的安全要求。	□
82				到岗到位人员作业前有多电源、自备电源的用户是否采取机械或电气联锁等防反送电的强制性技术措施。	□

续表

序号	作业阶段	涉及严重违章条款	严重违章释义	检查项目	执行情况
83	紧线、架线（更换导线）作业	未经许可即开始工作。全部工作未结束即办理终结手续	多小组工作，小组负责人未得到工作负责人的许可即开始工作。工作负责人未得到所有小组负责人工作结束的汇报，就与工作许可人办理工作终结手续。	若一张工作票下设多个小组工作，到岗到位人员检查工作负责人是否指定每个小组的小组负责人（监护人），并使用配电工作任务单。	□
84				到岗到位人员检查工作结束后，小组负责人是否向工作负责人办理工作结束手续。	□
85				到岗到位人员检查工作票上所列的安全措施是否包括所有工作任务单上所列的安全措施。	□
86				到岗到位人员检查多小组工作，工作负责人在与工作许可人办理工作终结手续前，是否得到所有小组负责人工作结束的汇报。	□
87		约时停、送电。带电作业约时停用或恢复重合闸	电力线路或电气设备的停、送电未按照值班调控人员或工作许可人的指令执行，采取约时停、送电的方式进行倒闸操作。	到岗到位人员检查是否存在约时停、送电，带电作业约时停用或恢复重合闸的情况。	□

续表

序号	作业阶段	涉及严重违章条款	严重违章释义	检查项目	执行情况
88	紧线、架线（更换导线）作业	约时停、送电。带电作业约时停用或恢复重合闸	需要停用重合闸或直流线路再启动功能的带电作业未由值班调控人员履行许可手续，采取约时方式停用或恢复重合闸或直流线路再启动功能。	到岗到位人员检查需要停用重合闸或直流线路再启动功能的带电作业是否由值班调控人员履行许可手续，禁止采用约时方式停用或恢复重合闸或直流线路再启动功能。	□
89		应用未用或使用不合格的安全工器具	在高处作业、垂直交叉作业、立杆架线、起重吊装等存在高坠、物体打击风险的作业区域内，人员未佩戴安全帽。	工作负责人检查人员是否佩戴安全帽。	□
90			操作没有机械传动的断路器（开关）、隔离开关（刀闸）或跌落式熔断器，未使用绝缘棒。	工作负责人检查操作没有机械传动的断路器（开关）、隔离开关（刀闸）或跌落式熔断器，是否使用绝缘棒。	□
91			应用未用或使用的个体防护装备（安全带、安全绳、静电防护服、防电弧服、屏蔽服装等）、绝缘安全工器具[验电器、接地线、绝缘手套（高压）、绝缘靴、绝缘杆、绝缘遮蔽罩、绝缘隔板等]等专用工具和器具未检测或检测结果不合格。	工作负责人检查现场使用安全工器具是否在检验合格周期内，试验合格帖是否粘贴牢固，外观检查是否完好。	□

续表

序号	作业阶段	涉及严重违章条款	严重违章释义	检查项目	执行情况
92	紧线、架线(更换导线)作业	应用未用或使用不合格的安全工器具	应用未用或使用的个体防护装备（安全带、安全绳、静电防护服、防电弧服、屏蔽服装等）、绝缘安全工器具［验电器、接地线、绝缘手套（高压）、绝缘靴、绝缘杆、绝缘遮蔽罩、绝缘隔板等］等专用工具和器具未检测或检测结果不合格。	工作负责人检查个人劳动安全防护用品是否正确使用。安全工器具、施工机具、检修施工电源是否合格并正确使用。	□
93				工作负责人检查安全帽是否有生产日期标记，是否完好无损，全体人员是否正确佩戴。	□
94				工作负责人检查安全带是否定期试验合格，在坠落高度基准面 2m 及以上的高处作业是否使用安全带，使用前是否进行检查。	□
95				工作负责人检查在杆塔上作业时，是否使用有后备保护绳或速差自锁器的双控背带式安全带，当后备保护绳超过 3m 时，是否使用缓冲器。	□
96				工作负责人检查在邻近高压、强电场等作业穿着防静电服（屏蔽服），服装是否无破损、开线、连接头牢固，并定期试验。带电作业用屏蔽服的电阻是否符合《安规》要求。	□
97				工作负责人检查是否按照规定使用个人保安线。	□

续表

序号	作业阶段	涉及严重违章条款	严重违章释义	检查项目	执行情况
98	紧线、架线（更换导线）作业	人员资质不符合现场作业要求	现场作业人员、监理人员未经安全准入考试并合格。	工作负责人检查现场作业人员、监理人员是否进行安全准入考试并合格。	☐
99			不具备“三种人”资格的人员担任工作票签发人、工作负责人或许可人。	到岗到位人员检查工作票签发人、工作负责人或许可人是否考试合格，并经本单位批准。	☐
100			特种设备作业人员、特种作业人员、危险化学品从业人员未依法取得资格证书。	工作负责人检查特种设备作业人员、特种作业人员、危险化学品从业人员参加工作前，是否经专门的安全作业培训，考试合格，并经单位批准。	☐
101		未计算拉线、地锚受力情况和近电作业安全距离情况	抱杆、牵张机设备的地锚、拉线，铁塔锚固、导地线锚固的地锚、拉线受力情况未经过验算。	工作负责人检查抱杆、牵张机设备的地锚、拉线，铁塔锚固、导地线锚固的地锚、拉线受力情况是否验算合格。	☐
102			在带电设备附近作业前，未根据带电体安全距离要求，对施工作业中可能进入安全距离内的人员、机具、构件等进行计算校核。或校核结果与现场实际不符，不满足安全要求时未采取有效措施。		☐
				工作负责人检查在运行站内使用起重机、高空作业车、挖掘机等大型机械开展作业前，施工方案是否经设备运维单位批准。	☐

续表

序号	作业阶段	涉及严重违章条款	严重违章释义	检查项目	执行情况
103	紧线、架线(更换导线)作业	未计算拉线、地锚受力情况和近电作业安全距离情况	在带电设备附近作业前，未根据带电体安全距离要求，对施工作业中可能进入安全距离内的人员、机具、构件等进行计算校核。或校核结果与现场实际不符，不满足安全要求时未采取有效措施。	工作负责人检查运行站内起重机、高空作业车、挖掘机等大型机械需要改变工作内容、工作方式、行进路线、作业地点等，是否经设备运维单位批准，作业人员不得擅自改变。	□
104				工作负责人检查近电作业起重机、高空作业车是否接地后，方可开始工作。	□
105				工作负责人检查在带电设备附近作业前，是否根据带电体安全距离要求，对施工作业中可能进入安全距离内的人员、机具、构件等进行计算校核。校核结果与现场实际不符，不满足安全要求时要采取有效措施。	□
106			地锚、拉线未经验收合格即投入使用。	工作负责人检查地锚、拉线投入使用前，是否经校验合格。	□
107		专项施工方案未按规定编审批	对“超过一定规模的危险性较大的分部分项工程”（含大修、技改等项目），未组织编制专项施工方案（含安全技术措施），未按规定论证和审批。	工作负责人检查对“超过一定规模的危险性较大的分部分项工程”（含大修、技改等项目），是否组织编制专项施工方案（含安全技术措施），并按规定论证、审核、审批、交底及现场监督实施。	□

续表

序号	作业阶段	涉及严重违章条款	严重违章释义	检查项目	执行情况
108	紧线、架线（更换导线）作业	专项施工方案未按规定编审批	针对《国家电网有限公司关于印发严控严防重特大人身事故硬措施通知》要求有限空间人员中毒窒息事故、电缆集中场所火灾事故、水淹厂房事故等 7 类典型场景作业，未按规定编制、论证和审批专项施工方案。	工作负责人检查针对《国家电网有限公司关于印发严控严防重特大人身事故硬措施通知》要求有限空间人员中毒窒息事故、电缆集中场所火灾事故、水淹厂房事故等 7 类典型场景作业，是否按规定编制、论证和审批专项施工方案。	□
109		擅自解除带电部位隔离措施	擅自开启高压开关柜门、检修小窗。	工作负责人检查是否擅自开启高压开关柜门、检修小窗。	□
110			高压开关柜内手车开关拉出后，隔离带电部位的挡板未可靠封闭或擅自开启隔离带电部位的挡板。	工作负责人检查高压开关柜内手车开关拉出后，隔离带电部位的挡板是否可靠封闭或是否擅自开启隔离带电部位的挡板。	□
111			擅自移动绝缘挡板（隔板）。	工作负责人检查是否擅自移动绝缘挡板（隔板）。	□
112		电容性设备未充分放电	电缆及电容器接地前未逐相充分放电，星形接线电容器的中性点未接地、串联电容器及与整组电容器脱离的电容器未逐个多次放电，装在绝缘支架上的电容器外壳未放电。	工作负责人检查电缆及电容器接地前是否逐相充分放电。	□
113				工作负责人检查星形接线电容器的中性点是否接地、串联电容器及与整组电容器脱离的电容器是否逐个多次放电。	□

续表

序号	作业阶段	涉及严重违章条款	严重违章释义	检查项目	执行情况
114	紧线、架线（更换导线）作业	电容性设备未充分放电	电缆及电容器接地前未逐相充分放电，星形接线电容器的中性点未接地、串联电容器及与整组电容器脱离的电容器未逐个多次放电，装在绝缘支架上的电容器外壳未放电。	工作负责人检查装在绝缘支架上的电容器外壳是否放电。	□
115			高压试验变更接线或试验结束时，未将升压设备的高压部分放电、短路接地。未装接地线的大电容被试设备未先行放电再做试验。	工作负责人检查高压试验变更接线或试验结束时，是否将升压设备的高压部分放电、短路接地。	□
116				工作负责人检查装接地线的大电容被试设备是否先行放电再做试验。	□
117		在带电设备周围违规使用金属器具	在带电设备周围使用钢卷尺、皮卷尺和线尺（夹有金属丝者）进行测量工作。	工作负责人检查在带电设备周围是否使用钢卷尺、皮卷尺和线尺（夹有金属丝者）进行测量工作。	□
118			在变、配电站（开关站）的带电区域内或邻近带电设备处，使用金属梯子、金属脚手架等。	工作负责人检查在变、配电站（开关站）的带电区域内或邻近带电线路处，使用金属梯子、金属脚手架和管子等长物，是否满足安全距离要求。	□

续表

序号	作业阶段	涉及严重违章条款	严重违章释义	检查项目	执行情况
119	紧线、架线（更换导线）作业	大型机械在运行站内或邻近带电线路处违规作业	在运行站内使用起重机、高空作业车、挖掘机等大型机械开展作业前，施工方案未经设备运维单位批准。	工作负责人检查在运行站内使用起重机、高空作业车、挖掘机等大型机械开展作业前，施工方案是否经设备运维单位批准。	□
120			未经设备运维单位批准，擅自改变运行站内起重机、高空作业车、挖掘机等大型机械的工作内容、工作方式、行进路线、作业地点等。	工作负责人检查是否经设备运维单位批准，改变运行站内起重机、高空作业车、挖掘机等大型机械的工作内容、工作方式、行进路线、作业地点等。	□
121			近电作业起重机、高空作业车未接地。	工作负责人检查近电作业起重机、高空作业车是否接地。	□
122			近电吊装作业人员徒手扶持吊件。	工作负责人检查近电吊装作业人员是否徒手扶持吊件。	□
123		牵引过程中人员处于受力绳索内角侧或直接拉拽受力导、引线	牵引过程中作业人员站在或跨在已受力的牵引绳、起吊绳、导地线的内角侧以及展放的线圈内。	工作负责人检查设立吊车指挥人员，是否有专人进行指挥。	□
124				到岗到位人员应关注作业人员动态，提醒远离受力牵引绳。	□
125				作业前工作负责人重点强调牵引作业注意事项，作业人员复诵。	□

续表

序号	作业阶段	涉及严重违章条款	严重违章释义	检查项目	执行情况
126	紧线、架线（更换导线）作业	牵引过程中人员处于受力绳索内角侧或直接拉拽受力导、引线	放线、紧线，遇导、地线有卡、挂住现象，未松线后处理，操作人员站在线弯的内角侧，用手直接拉、推导地线。	工作负责人应设立吊车指挥人员，有专人进行指挥。	☐
127				到岗到位人员应关注作业人员动态，提醒远离受力牵引绳。	☐
128				工作负责人作业前重点强调放线、紧线注意事项，作业人员复诵。	☐
129				专责监护人关注作业人员动态，常提醒，常警示。	☐
130		跨越施工未采取跨越架、封网等安全措施	跨越带电线路、电气化铁路、高速公路、通航河流展放导（地）线作业，未采取跨越架、封网等安全措施，或跨越架、封网未经验收合格即投入使用。	工作负责人对跨越带电作业安全注意事项重点宣贯，并要求作业人员复诵。	☐
131				作业前，工作负责人、安监人员、到岗到位人员应熟悉现场环境，了解存在安全风险点，做好提醒工作。	☐
132		起重吊装作业未采取防倾倒措施，超限吊装	起重设备、受力工器具（抱杆连接螺栓、吊索具、卸扣等）超负荷使用。	作业前，工作负责人、工作票签发人协调安监部负责对起重设备、受力工器具（抱杆连接螺栓、吊索具、卸扣等）进行承载力分析，禁止超负荷使用。	☐
133			起重机车轮、支腿或履带的前端、外侧与沟、坑边缘的距离小于沟、坑深度的1.2倍时，未采取防倾倒、防坍塌措施。	工作负责人、工作票签发人协调安监部负责对起重机车轮、支腿或履带的前端、外侧与沟、坑边缘的距离小于沟、坑深度的1.2倍时，采取防倾倒、防坍塌措施进行布置并检查。	☐

续表

序号	作业阶段	涉及严重违章条款	严重违章释义	检查项目	执行情况
134	紧线、架线（更换导线）作业	起重吊装作业未采取防倾倒措施，超限吊装	吊车未安装限位器。	旗县公司安监部对所有进入现场的吊车逐一核对运行档案，针对缺少限位器的下达整改通知，未安装限位器的车辆禁止开展作业。	☐
135		起重作业无专人指挥	被吊重量达到起重作业额定起重量的 80%。	工作负责人根据铭牌规定核查被吊重量是否达到起重作业额定起重量的 80%。	☐
136			两台及以上起重机械联合作业。	工作负责人检查是否属于起重机械联合作业。	☐
137			起吊精密物件、不易吊装的大件或在复杂场所（人员密集区、场地受限或存在障碍物）进行大件吊装。	工作负责人检查是否属于起吊精密物件、不易吊装的大件或在复杂场所（人员密集区、场地受限或存在障碍物）进行大件吊装。	☐
138			起重机械在邻近带电区域作业。	1. 起重设备的操作人员和指挥人员独立上岗作业前，是否经专业技术培训、实际操作及有关安全规程考试合格，并经单位批准。 2. 有大雾、照明不足、指挥人员看不清各工作地点或起重机操作人员未获得有效指挥时，是否进行起重作业。 3. 作业时，起重机臂架、吊具、辅具、钢丝绳及吊物等与架空输电线路及其他带电体的距离不应小于表 1 的规定，且应设专人监护。小于表 1、大于表 2 规定的安全距离时，应制定防止误碰带	☐
139			易燃易爆品必须起吊时。		☐
140			起重机械设备自身的安装、拆卸。		☐
141			新型起重机械首次在工程上应用。		☐

续表

<table>
<tr><th>序号</th><th>作业阶段</th><th>涉及严重违章条款</th><th>严重违章释义</th><th>检查项目</th><th>执行情况</th></tr>
<tr><td>141</td><td rowspan="3">紧线、架线(更换导线)作业</td><td>起重作业无专人指挥</td><td>新型起重机械首次在工程上应用。</td><td>电设备的安全措施，并经本单位批准。小于表2规定的安全距离时，应停电进行。
4. 起重设备长期或频繁地靠近架空线路或其他带电体作业时，应采取隔离防护措施。
5. 在带电设备区域内使用起重机等起重设备时，应安装接地线并可靠接地，接地线应用多股软铜线，其截面积不应小于16mm^2。
表1 与架空输电线路及其他带电体的最小安全距离
<table><tr><th>电压等级/kV</th><th>安全距离/m</th></tr><tr><td>≤1</td><td>1.5</td></tr><tr><td>10、20</td><td>2.0</td></tr><tr><td>35、66</td><td>4</td></tr><tr><td>110</td><td>5</td></tr></table>表2 设备不停电时的安全距离
<table><tr><th>电压等级/kV</th><th>安全距离/m</th></tr><tr><td>≤10</td><td>0.7</td></tr><tr><td>20、35</td><td>1.0</td></tr><tr><td>66、110</td><td>1.5</td></tr><tr><td>220</td><td>3.0</td></tr></table></td><td>□</td></tr>
<tr><td>142</td><td rowspan="2">有限空间作业未执行“先通风、再检测、后作业”要求。未正确设置监护人。未配置或不正确使用安全防护装备、应急救援装备</td><td rowspan="2">有限空间[电缆井、电缆隧道、深度超过2m的基坑及沟（槽）内且相对密闭、容易聚集易燃易爆及有毒气体]作业前未通风、未检测。</td><td>工作负责人检查是否携带气体检测仪，并确认良好。</td><td>□</td></tr>
<tr><td>143</td><td>工作负责人安排专人负责通风、检测并汇报。</td><td>□</td></tr>
</table>

续表

序号	作业阶段	涉及严重违章条款	严重违章释义	检查项目	执行情况
144	紧线、架线（更换导线）作业	有限空间作业未执行“先通风、再检测、后作业”要求。未正确设置监护人。未配置或不正确使用安全防护装备、应急救援装备	有限空间［电缆井、电缆隧道、深度超过 2m 的基坑及沟（槽）内且相对密闭、容易聚集易燃易爆及有毒气体］作业前未通风、未检测。	工作负责人检查通风纪录、检测记录是否填写，并确实数据正常。	□
145			在有限空间内作业期间，气体检测浓度高于规定要求，冒险作业。	工作负责人检查是否携带气体检测仪，并确认良好。	□
146				工作负责人是否每隔 30 分钟检测一次气体浓度，并填写检查记录。	□
147				工作负责人在发现气体浓度异常后，立刻取消作业。	□
148			未根据有限空间作业环境和作业内容，配备气体检测设备、呼吸防护用品、坠落防护用品、其他个体防护用品和通风设备、照明设备、通信设备以及应急救援装备等。	工作负责人是否根据有限空间作业环境和作业内容，配备气体检测设备、呼吸防护用品、坠落防护用品、其他个体防护用品和通风设备、照明设备、通信设备以及应急救援装备等。	□
149			有限空间作业未在入口设置监护人或监护人擅离职守。	检查工作票内是否设置监护人。	□
150				定期查看现场监护人是否擅离职守。	□

续表

序号	作业阶段	涉及严重违章条款	严重违章释义	检查项目	执行情况
151	紧线、架线（更换导线）作业	危险性较大的施工平台无施工方案、超载使用	悬吊式作业平台、混凝土承重支撑架、24 m以上落地脚手架无施工方案，使用前未经监理验收即投入使用。	工作负责人检查悬吊式作业平台、混凝土承重支撑架、24 m以上落地脚手架是否有施工方案，使用前是否经监理验收即投入使用。	□
152			吊篮、悬吊式作业平台未设置上限位装置，在作业面下方涉及危险部位、设备设施安全防护、交叉作业等情况的未设置下限位装置。	工作负责人检查吊篮、悬吊式作业平台未设置上限位装置，在作业面下方涉及危险部位、设备设施安全防护、交叉作业等情况的未设置下限位装置。	□
153			吊篮、悬吊式作业平台、混凝土承重支撑架、24 m以上落地脚手架超载使用或荷载严重不均。	工作负责人检查吊篮、悬吊式作业平台、混凝土承重支撑架、24 m以上落地脚手架是否超载使用或是否荷载严重不均。	□
154			脚手架拆除作业未按自上而下的顺序进行，采用上下层同时作业、自下而上或推倒的方式拆除脚手架。	脚手架拆除作业应按自上而下的顺序进行。	□

续表

序号	作业阶段	涉及严重违章条款	严重违章释义	检查项目	执行情况
155	紧线、架线（更换导线）作业	立（拆）杆塔、架（撤）线作业未按规定采取防倒杆塔措施	地脚螺栓与螺母型号不匹配。	在进行立（拆）杆塔、架（撤）线作业时，工作负责人检查地脚螺栓与螺母型号是否匹配。	□
156			耐张杆塔非平衡紧挂线、撤线前，未设置临时拉线或其他补强措施。	工作负责人检查耐张杆塔非平衡紧挂线、撤线前，是否设置临时拉线。	□
157			在永久拉线未全部安装完成的情况下就拆临时拉线。	工作负责人检查是否在永久拉线未全部安装完成的情况下拆除临时拉线。	□
158			拉线塔分解拆除时未先将原永久拉线更换临时拉线再进行拆除作业。	工作负责人检查拉线塔分解拆除时是否未先将原永久拉线更换临时拉线再进行拆除作业。	□
159			杆塔整体拆除时，未增设拉线控制倒塔方向。	工作负责人检查杆塔整体拆除时，是否增设拉线控制倒塔方向，并由有经验人员统一指挥。	□

续表

序号	作业阶段	涉及严重违章条款	严重违章释义	检查项目	执行情况
160	紧线、架线（更换导线）作业	立（拆）杆塔、架（撤）线作业未按规定采取防倒杆塔措施	带张力断线或采用突然剪断导、地线的做松线。	工作负责人检查使用紧线器对导线卸力，是否待张力消除后进行断线。	□
161			杆塔上有人时，调整或拆除拉线。	杆塔上有人时，工作负责人检查是否有人调整或拆除拉线。	□
162			紧断线平移导线挂线作业未采取交替平移导线的方式。	工作负责人检查紧断线平移导线挂线作业是否采取交替平移导线的方式。	□
存在问题					
整改措施					
检查人		人员角色		检查时间	

注　不存在问题，执行情况打“√”。存在问题，执行情况打“×”。不涉及该项打“/”。

四、基建专业

作业内容：扩建变电电气施工

序号	作业阶段	涉及严重违章条款	严重违章释义	检查项目	执行情况
1	扩建变电电气施工	无计划作业	安全风险管控监督平台无日作业计划（含临时计划、抢修计划）。	查询安全风险管控监督平台是否有作业计划。	□
2			安全风险管控监督平台中日计划未开工，现场已开展作业；现场作业过程中，计划状态为取消、完工等状态。	查询安全风险管控监督平台作业计划状态是否与实际作业状态相符。	□
3		作业人员不清楚工作任务、工作范围、危险点	工作负责人（作业负责人）不了解现场所有的工作内容，不掌握危险点及安全防控措施。	询问作业负责人是否了解作业现场全部工作内容，是否掌握作业危险点、对应的安全强制措施及相关安全防控措施。	□
4			专责监护人不掌握监护范围内的工作内容、危险点及安全防控措施。	询问专责监护人是否掌握作业现场监护范围内的工作内容，是否掌握作业危险点、对应的安全强制措施及相关安全防控措施。	□
5			作业人员不熟悉本人参与的工作内容，不掌握危险点及安全防控措施。	询问作业人员是否熟悉本岗位工作内容，是否掌握作业危险点、对应的安全强制措施及相关安全防控措施。	□

续表

序号	作业阶段	涉及严重违章条款	严重违章释义	检查项目	执行情况
6	扩建变电电气施工	超出作业范围未经审批	在原工作票的停电及安全措施范围内增加工作任务时，未征得工作票签发人和工作许可人同意，未在工作票上增填工作项目。	现场检查工作票及工作任务，如发现在停电及安全措施范围内工作任务有增加，检查工作票上是否有相关内容，是否征得工作票签发人和工作许可人签字同意。	□
7			原工作票增加工作任务需变更或增设安全措施时，未重新办理新的工作票，并履行签发、许可手续。	检查工作票上的安全措施是否与现场一致，工作票是否履行签发、许可手续。	□
8		作业点未在接地保护范围	装设接地线（接地刀闸）前未验电。	装设接地线前应使用相应电压等级、合格的接触式验电器验明设备确无电压。	□
9			停电工作的设备或地段，可能来电（包括反送电）的各方未在正确位置装设接地线（接地刀闸）。	停电工作的设备或地段，核查可能来电（包括反送电）的各方是否在正确位置装设接地线（接地刀闸）。	□
10			作业人员擅自移动、拆除接地线（接地刀闸）。	检查作业人员是否擅自移动、拆除接地线（接地刀闸）。	□
11			在平行或邻近带电设备、交叉跨越或同杆架设等易产生感应电压的地点工作，未加装工作接地线或个人保安线。	在邻近带电设备等易产生感应电压的地点工作，检查作业人员是否加装工作接地线或个人保安线。	□

续表

序号	作业阶段	涉及严重违章条款	严重违章释义	检查项目	执行情况
12	扩建变电电气施工	高处作业失去保护	高处作业人员在上下、转移作业位置时，失去安全保护。	高处作业人员在上下、转移作业位置时，检查是否正确应用速差自控器和攀登自锁器；实时监督、管控高处作业人员，严禁出现瞬时失去保护情况。	□
13			高处作业未搭设脚手架，未使用高空作业车、升降平台或采取其他防止坠落措施。	设备引线连接等高处作业，检查是否使用高空作业车、升降平台或采取其他防止坠落措施。	□
14		无票作业	未按照《安规》规定使用工作票（施工作业票）、操作票、事故紧急抢修单、作业申请单。	检查是否正确应用工作票、施工作业票。	□
15			在油罐区、注油设备、电缆间、计算机房、换流站阀厅等防火重点部位（场所）以及政府部门、本单位划定的禁止明火区动火作业时，未使用动火票。	检查防火重点部位（场所）开展熔化焊接、切割、喷枪、喷灯、钻孔、打磨、锤击、破碎、切削等使用明火或间接产生明火的作业，是否使用动火工作票。	□

续表

<table>
<tr><th>序号</th><th>作业阶段</th><th>涉及严重违章条款</th><th>严重违章释义</th><th>检查项目</th><th>执行情况</th></tr>
<tr><td>16</td><td rowspan="4">扩建变电电气施工</td><td rowspan="4">票面（包括作业票、工作票及分票、动火票、操作票等）关键内容缺失或错误</td><td rowspan="3">工作票（含分票、工作任务单、动火票等）票面缺少工作许可人、工作负责人、工作票签发人、工作班成员（含新增人员）等签字信息。票面线路名称（含同杆多回线路双重称号）、设备双重名称填写错误。票面防触电、防高坠、防倒（断）杆、防窒息等重要安全技术措施遗漏或错误。工作票延期、工作负责人变更等未在票面上准确记录。作业票缺少审核人、签发人、作业人员（含新增人员）等签字信息。</td><td>检查工作票（含分票、工作任务单、动火票等）票面是否缺少工作许可人、工作负责人、工作票签发人、工作班成员（含新增人员）等签字信息；检查施工作业票是否缺少审核人、签发人、作业人员（含新增人员）等关键信息。</td><td>□</td></tr>
<tr><td>17</td><td>检查工作票（施工作业票）涉及的防高坠、防物体打击、防触电等风险控制措施是否遗漏或错误。</td><td>□</td></tr>
<tr><td>18</td><td>检查工作票延期、工作负责人变更等是否在票面上准确记录。</td><td>□</td></tr>
<tr><td>19</td><td>操作票发令、操作开始、操作结束时间以及工作票（含分票、工作任务单、动火票、作业票等）签发、许可、计划开工、结束时间存在逻辑错误或与实际不符。</td><td>检查工作票（施工作业票）签发、许可、审核、计划开工、结束时间是否存在逻辑错误或与实际不符。</td><td>□</td></tr>
</table>

续表

序号	作业阶段	涉及严重违章条款	严重违章释义	检查项目	执行情况
20	扩建变电电气施工	工作负责人（作业负责人、专责监护人）不在现场	工作负责人（作业负责人、专责监护人）未到作业现场。	检查现场作业时作业负责人、专责监护人是否已到作业现场。	□
21	扩建变电电气施工	工作负责人（作业负责人、专责监护人）不在现场	工作负责人（作业负责人）暂时离开作业现场时，未指定能胜任的人员临时代替；或长时间离开作业现场时，未由原工作票签发人变更工作负责人。	检查现场作业是否实时有工作负责人（作业负责人）在场；工作负责人（作业负责人）发生变化时，是否由原签发人审批同意并履行变更手续。	□
22	扩建变电电气施工	工作负责人（作业负责人、专责监护人）不在现场	专责监护人临时离开作业现场时，未通知被监护人员停止作业；或长时间离开作业现场时，未由工作负责人变更专责监护人。	检查现场作业时，专责监护人是否实时在场监督作业；专责监护人发生变化时，是否由作业负责人变更专责监护人。	□
23	扩建变电电气施工	工作负责人（作业负责人、专责监护人）不在现场	劳务分包人员担任工作负责人（作业负责人）。	检查作业负责人劳动合同所在单位，核实劳务分包人员是否担任作业负责人。	□
24	扩建变电电气施工	未经许可即开始工作；全部工作未结束即办理终结手续	公司系统电网生产作业未经调度管理部门或设备运维管理单位许可，擅自开始工作。	检查作业是否经调度管理部门或设备运维管理单位许可。	□
25	扩建变电电气施工	未经许可即开始工作；全部工作未结束即办理终结手续	在用户设备上工作，许可工作前，工作负责人未检查确认用户设备的运行状态、安全措施是否符合作业的安全要求。	在用户设备上工作前，工作负责人是否检查确认用户设备的运行状态、安全措施，是否满足作业安全要求。	□

续表

序号	作业阶段	涉及严重违章条款	严重违章释义	检查项目	执行情况
26		未经许可即开始工作；全部工作未结束即办理终结手续	多小组工作，小组负责人未得到工作负责人的许可即开始工作；工作负责人未得到所有小组负责人工作结束的汇报，就与工作许可人办理工作终结手续。	多作业面作业，检查分作业面是否得到作业负责人的许可后方开始作业。作业负责人办结作业票前，各分作业面是否已完成全部作业内容。	□
27			在高处作业、垂直交叉作业、立杆架线、起重吊装等存在高坠、物体打击风险的作业区域内，人员未佩戴安全帽。	检查进入作业现场人员是否正确佩戴安全帽。	□
28	扩建变电电气施工	应用未用或使用不合格的安全工器具	操作没有机械传动的断路器（开关）、隔离开关（刀闸）或跌落式熔断器，未使用绝缘棒。	操作没有机械传动的断路器（开关）、隔离开关（刀闸）或跌落式熔断器，检查是否正确使用绝缘棒。	□
29			应用未用或使用的个体防护装备（安全带、安全绳、静电防护服、防电弧服、屏蔽服装等）、绝缘安全工器具[验电器、接地线、绝缘手套（高压）、绝缘靴、绝缘杆、绝缘遮蔽罩、绝缘隔板等]等专用工具和器具未检测或检测结果不合格。	检查现场个体防护装备、安全工器具等试验标签或合格标识，核查其试验是否超期或有无检测报告或检测报告是否合格。	□

续表

序号	作业阶段	涉及严重违章条款	严重违章释义	检查项目	执行情况
30	扩建变电电气施工	人员资质不符合现场作业要求	现场作业人员、监理人员未经安全准入考试并合格。	逐一查询现场施工、监理人员安全风险管控监督平台准入状态是否有效。	□
31			不具备“三种人”资格的人员担任工作票签发人、工作负责人或许可人。	检查“三种人”公布名单，核查工作票签发人、工作负责人或许可人是否在名单内。	□
32			特种设备作业人员、特种作业人员、危险化学品从业人员未依法取得资格证书。	检查电工、焊接、高空等特种作业人员或危险化学品从业人员是否持证上岗，证书是否在有效期内，是否人、证相符。	□
33		未计算拉线、地锚受力情况和近电作业安全距离情况	在带电设备附近作业前，未根据带电体安全距离要求，对施工作业中可能进入安全距离内的人员、机具、构件等进行计算校核；或校核结果与现场实际不符，不满足安全要求时未采取有效措施。	邻近带电体作业，检查施工方案中是否对施工作业中可能进入安全距离内的人员、机具、构件等进行计算校核。校核结果与现场实际不符，不满足安全要求时是否采取有效措施。	□

续表

序号	作业阶段	涉及严重违章条款	严重违章释义	检查项目	执行情况
34	扩建变电电气施工	专项施工方案未按规定编审批	针对《国家电网有限公司关于印发严控严防重特大人事故硬措施通知》要求混凝土建（构）筑物垮塌、脚手架整体倒塌、深基坑及边坡施工等12类典型场景作业，未按规定编制、论证和审批专项施工方案。	针对有限空间人员中毒窒息事故、电缆集中场所火灾事故、变电近电吊装发生触电伤亡事故等3类典型场景作业，检查是否按规定编制、论证和审批专项施工方案。	□
35		重要工序、关键环节作业未按施工方案或规定程序开展	电网建设工程施工重要工序及关键环节未按施工方案中作业方法、标准或规定程序开展作业。	检查施工用电、氧气、乙炔、压缩空气及其管线，作业棚、加工间等重要临时设施；大型起重机械拆装、移位及负荷试验，大型构件吊装，大型变压器运输、干燥及耐压试验，主要电气设备耐压试验，临时供电设备安装与检修重要临时工序；大型起吊运输，进入高压带电区、电缆沟作业，季节性施工，立体交叉作业及与运行交叉的作业等特殊作业；高压带电作业及临近高压带电体作业等危险作业。上述工序和环节是否按施工方案中作业方法、标准或规定程序开展作业。	□ □
36			针对《国家电网有限公司关于印发严控严防重特大人身事故硬措施通知》15类典型作业场景，未按规定落实强制措施。	针对有限空间人员中毒窒息事故、电缆集中场所火灾事故、变电近电吊装发生触电伤亡事故、人员集中场所火灾事故、重特大交通事故、群体食物中毒事故等6类典型场景作业，检查是否按规定落实强制措施。	□

续表

序号	作业阶段	涉及严重违章条款	严重违章释义	检查项目	执行情况
37	扩建变电电气施工	擅自解除带电部位隔离措施	擅自开启高压开关柜门、检修小窗。	按照释义内容，做好过程管控。	
38			高压开关柜内手车开关拉出后，隔离带电部位的挡板未可靠封闭或擅自开启隔离带电部位的挡板。	按照释义内容，做好过程管控。	□
39			擅自移动绝缘挡板（隔板）。	按照释义内容，做好过程管控。	□
40		电容性设备未充分放电	电缆及电容器接地前未逐相充分放电，星形接线电容器的中性点未接地、串联电容器及与整组电容器脱离的电容器未逐个多次放电，装在绝缘支架上的电容器外壳未放电。	按照释义内容，做好过程管控。	□
41			高压试验变更接线或试验结束时，未将升压设备的高压部分放电、短路接地。未装接地线的大电容被试设备未先行放电再做试验。	按照释义内容，做好过程管控。	□
42		在带电设备周围违规使用金属器具	在带电设备周围使用钢卷尺、皮卷尺和线尺（夹有金属丝者）进行测量工作。	按照释义内容，做好过程管控。	□

续表

序号	作业阶段	涉及严重违章条款	严重违章释义	检查项目	执行情况
43	扩建变电电气施工	在带电设备周围违规使用金属器具	在变、配电站（开关站）的带电区域内或邻近带电线路处，使用金属梯子、金属脚手架。	按照释义内容，做好过程管控。	□
44		大型机械在运行站内或邻近带电线路处违规作业	在运行站内使用起重机、高空作业车、挖掘机等大型机械开展作业，施工方案未经设备运维单位批准。	按照释义内容，做好过程管控。	□
45			未经设备运维单位批准，擅自改变运行站内起重机、高空作业车、挖掘机等大型机械的工作内容、工作方式、行进路线、作业地点等。	按照释义内容，做好过程管控。	□
46			近电作业起重机、高空作业车未接地。	检查起重机、高空作业车是否接地，接地连接处是否可靠；接地体埋深是否满足0.6m要求，接地线截面是否大于16mm^2。	□
47			近电吊装作业人员徒手扶持吊件。	按照释义内容，做好过程管控。	□
48		起重吊装作业未采取防倾倒措施，超限吊装	起重设备、受力工器具（抱杆连接螺栓、吊索具、卸扣等）超负荷使用。	按照释义内容，做好过程管控。	□

续表

序号	作业阶段	涉及严重违章条款	严重违章释义	检查项目	执行情况
49	扩建变电电气施工	起重吊装作业未采取防倾倒措施，超限吊装	起重机车轮、支腿或履带的前端、外侧与沟、坑边缘的距离小于沟、坑深度的1.2倍时，未采取防倾倒、防坍塌措施。	按照释义内容，做好过程管控。	□
50			吊车未安装限位器。	按照释义内容，做好过程管控。	□
51		起重作业无专人指挥	被吊重量达到起重作业额定起重量的80%。	对照施工方案和现场实际，属于此类作业的，检查是否设专人指挥起重作业。	□
52			两台及以上起重机械联合作业。	对照施工方案和现场实际，属于此类作业的，检查是否设专人指挥起重作业。	□
53			起吊精密物件、不易吊装的大件或在复杂场所（人员密集区、场地受限或存在障碍物）进行大件吊装。	对照施工方案和现场实际，属于此类作业的，检查是否设专人指挥起重作业。	□
54			起重机械在邻近带电区域作业。	对照施工方案和现场实际，属于此类作业的，检查是否设专人指挥起重作业。	□
55			易燃易爆品必须起吊时。	对照施工方案和现场实际，属于此类作业的，检查是否设专人指挥起重作业。	□
56			起重机械设备自身的安装、拆卸。	对照施工方案和现场实际，属于此类作业的，检查是否设专人指挥起重作业。	□

续表

序号	作业阶段	涉及严重违章条款	严重违章释义	检查项目	执行情况
57	扩建变电电气施工	起重作业无专人指挥	新型起重机械首次在工程上应用。	对照施工方案和现场实际，属于此类作业的，检查是否设专人指挥起重作业。	□
58		对带有压力的设备开展拆解作业前未泄压	略。	按照释义内容，做好过程管控。	□
59		有限空间作业未执行“先通风、再检测、后作业”要求；未正确设置监护人；未配置或不正确使用安全防护装备、应急救援装备	有限空间[电缆井、电缆隧道、深度超过2m的基坑及沟（槽）内且相对密闭、容易聚集易燃易爆及有毒气体]作业前未通风、未检测。	按照释义内容，做好过程管控。	□
60			在有限空间内作业期间，气体检测浓度高于规定要求，冒险作业。	有限空间作业过程中，应当始终采取通风措施，保持空气流通，禁止采用纯氧通风换气。未经通风和检测合格，任何人员不得进入有限空间作业；检测的时间不得早于作业开始前30min，气体检测浓度应符合《国家电网有限公司有限空间作业安全工作规定》相关规定要求。	□

续表

序号	作业阶段	涉及严重违章条款	严重违章释义	检查项目	执行情况
61	扩建变电电气施工	有限空间作业未执行“先通风、再检测、后作业”要求；未正确设置监护人；未配置或不正确使用安全防护装备、应急救援装备	未根据有限空间作业环境和作业内容，配备气体检测设备、呼吸防护用品、坠落防护用品、其他个体防护用品和通风设备、照明设备、通信设备以及应急救援装备等。	按照释义内容，做好过程管控。	□
62			有限空间作业未在入口设置监护人或监护人擅离职守。	按照释义内容，做好过程管控。	□
63		危险性较大的施工平台无施工方案、超载使用	吊篮、悬吊式作业平台未设置上限位装置，在作业面下方涉及危险部位、设备设施安全防护、交叉作业等情况的未设置下限位装置。	按照释义内容，做好过程管控。	□
			吊篮、悬吊式作业平台、混凝土承重支撑架、24 m 以上落地脚手架超载使用或荷载严重不均。	按照释义内容，做好过程管控。	□
存在问题					
整改措施					
检查人		人员角色		检查时间	

注 不存在问题，执行情况打“√”。存在问题，执行情况打“×”。不涉及该项打“/”。

作业内容：架线施工

序号	作业阶段	涉及严重违章条款	严重违章释义	检查项目	执行情况
1	架线施工	无计划作业	安全风险管控监督平台无日作业计划（含临时计划、抢修计划）。	查询安全风险管控监督平台是否有作业计划。	□
2			安全风险管控监督平台中日计划未开工，现场已开展作业；现场作业过程中，计划状态为取消、完工等状态。	查询安全风险管控监督平台作业计划状态是否与实际作业状态相符。	□
3		作业人员不清楚工作任务、工作范围、危险点	工作负责人（作业负责人）不了解现场所有的工作内容，不掌握危险点及安全防控措施。	询问作业负责人是否了解作业现场全部工作内容，是否掌握作业危险点、对应的安全强制措施及相关安全防控措施。	□
4			专责监护人不掌握监护范围内的工作内容、危险点及安全防控措施。	询问专责监护人是否掌握作业现场监护范围内的工作内容，是否掌握作业危险点、对应的安全强制措施及相关安全防控措施。	□
5			作业人员不熟悉本人参与的工作内容，不掌握危险点及安全防控措施。	询问作业人员是否熟悉本岗位工作内容，是否掌握作业危险点、对应的安全强制措施及相关安全防控措施。	□
6		作业点未在接地保护范围	停电工作的设备或地段，可能来电（包括反送电）的各方未在正确位置装设接地线（接地刀闸）。	线路切改、交叉跨越、运行线路同塔架设新线路，核查已停电的线路两侧是否在正确位置装设接地线（接地刀闸）。	□

续表

序号	作业阶段	涉及严重违章条款	严重违章释义	检查项目	执行情况
7	架线施工	作业点未在接地保护范围	作业人员擅自移动、拆除接地线（接地刀闸）。	停电或邻近带电体作业，检查作业人员是否擅自移动、拆除接地线（接地刀闸）。	□
8			配合停电的线路未在交叉跨越或邻近线路处附近装设接地线。	检查配合停电的线路是否在交叉跨越或邻近线路处附近装设接地线。	□
9			在平行或邻近带电设备、交叉跨越或同杆架设等易产生感应电压的地点工作，未加装工作接地线或个人保安线。	在平行或邻近带电设备、交叉跨越或同杆架设等易产生感应电压的地点工作，检查作业人员是否加装工作接地线或个人保安线。	□
10			耐张塔挂线前，未使用导体将耐张绝缘子串短接。	耐张塔挂线前，检查是否使用导体将耐张绝缘子串短接。	□
11			放线区段有跨越、平行带电线路时，牵引机及张力机出线端的导（地）线及牵引绳上未安装接地滑车。	放线区段有跨越、平行带电线路时，检查牵引机及张力机出线端的导（地）线及牵引绳上是否安装接地滑车。	□
12		高处作业失去保护	高处作业人员在上下、转移作业位置时，失去安全保护。	高处作业人员在上下、转移作业位置时，检查是否正确应用速差自控器和攀登自锁器；实时监督、管控高处作业人员，严禁出现瞬时失去保护情况。	□

续表

序号	作业阶段	涉及严重违章条款	严重违章释义	检查项目	执行情况
13	架线施工	高处作业失去保护	高处作业未搭设脚手架，未使用高空作业车、升降平台或采取其他防止坠落措施。	导线高空压接，检查是否使用高空作业车、升降平台或采取其他防止坠落措施。	□
14		无票作业	未按照《安规》规定使用工作票（施工作业票）、操作票、事故紧急抢修单、作业申请单。	检查是否正确应用施工作业票。	□
15			未针对跨越架搭设拆除、跨越封网等作业，办理被跨越电力线路的第一种工作票（停电情况）或第二种工作票（不停电情况）。	针对跨越电力线路跨越架搭设拆除、跨越封网等作业，检查是否办理被跨越电力线路的第一种工作票（停电情况）或第二种工作票（不停电情况）。	□
16		票面（包括作业票、工作票及分票、动火票、操作票等）关键内容缺失或错误	工作票（含分票、工作任务单、动火票等）票面缺少工作许可人、工作负责人、工作票签发人、工作班成员（含新增人员）等签字信息。票面线路名称（含同杆多回线路双重称号）、设备双重名称填写错误。票面防触电、防高坠、防倒（断）杆、防窒息等重要安全技术措施遗漏或错误。工作票延期、工作负责人变更等未在票面上准确记录。作业票缺少审核人、签发人、作业人员（含新增人员）等签字信息。	检查工作票（含分票、工作任务单、动火票等）票面是否缺少工作许可人、工作负责人、工作票签发人、工作班成员（含新增人员）等签字信息；检查施工作业票是否缺少审核人、签发人、作业人员（含新增人员）等关键信息。	□

续表

序号	作业阶段	涉及严重违章条款	严重违章释义	检查项目	执行情况
17	架线施工	票面（包括作业票、工作票及分票、动火票、操作票等）关键内容缺失或错误	工作票（含分票、工作任务单、动火票等）票面缺少工作许可人、工作负责人、工作票签发人、工作班成员（含新增人员）等签字信息。票面线路名称（含同杆多回线路双重称号）、设备双重名称填写错误。票面防触电、防高坠、防倒（断）杆、防窒息等重要安全技术措施遗漏或错误。工作票延期、工作负责人变更等未在票面上准确记录。作业票缺少审核人、签发人、作业人员（含新增人员）等签字信息。	检查工作票（施工作业票）涉及的防高坠、防物体打击、防倒（断）塔（杆）、防断线等风险控制措施是否遗漏或错误。	□
18				检查工作票延期、工作负责人变更等是否在票面上准确记录。	□

续表

序号	作业阶段	涉及严重违章条款	严重违章释义	检查项目	执行情况
19	架线施工	票面（包括作业票、工作票及分票、动火票、操作票等）关键内容缺失或错误	操作票发令、操作开始、操作结束时间以及工作票（含分票、工作任务单、动火票、作业票等）签发、许可、计划开工、结束时间存在逻辑错误或与实际不符。	检查工作票（施工作业票）签发、许可、审核、计划开工、结束时间是否存在逻辑错误或与实际不符。	□
20	架线施工	工作负责人（作业负责人、专责监护人）不在现场	工作负责人（作业负责人、专责监护人）未到作业现场。	检查现场作业时作业负责人、专责监护人是否已到作业现场。	□
21	架线施工	工作负责人（作业负责人、专责监护人）不在现场	工作负责人（作业负责人）暂时离开作业现场时，未指定能胜任的人员临时代替；或长时间离开作业现场时，未由原工作票签发人变更工作负责人。	检查现场作业是否实时有工作负责人（作业负责人）在场；工作负责人（作业负责人）发生变化时，是否由原签发人审批同意并履行变更手续。	□
22	架线施工	工作负责人（作业负责人、专责监护人）不在现场	专责监护人临时离开作业现场时，未通知被监护人员停止作业；或长时间离开作业现场时，未由工作负责人变更专责监护人。	检查现场作业时，专责监护人是否实时在场监督作业；专责监护人发生变化时，是否由作业负责人变更专责监护人。	□

续表

序号	作业阶段	涉及严重违章条款	严重违章释义	检查项目	执行情况
23	架线施工	工作负责人（作业负责人、专责监护人）不在现场	劳务分包人员担任工作负责人（作业负责人）。	检查作业负责人劳动合同所在单位，核实劳务分包人员是否担任作业负责人。	□
24		未经许可即开始工作；全部工作未结束即办理终结手续	多小组工作，小组负责人未得到工作负责人的许可即开始工作；工作负责人未得到所有小组负责人工作结束的汇报，就与工作许可人办理工作终结手续。	多作业面作业，检查分作业面是否得到作业负责人的许可后方开始作业。作业负责人办结作业票前，各分作业面是否已完成全部作业内容。	□
25		应用未用或使用不合格的安全工器具	在高处作业、垂直交叉作业、立杆架线、起重吊装等存在高坠、物体打击风险的作业区域内，人员未佩戴安全帽。	检查进入作业现场人员是否正确佩戴安全帽。	□
26			应用未用或使用的个体防护装备（安全带、安全绳、静电防护服、防电弧服、屏蔽服装等）、绝缘安全工器具［验电器、接地线、绝缘手套（高压）、绝缘靴、绝缘杆、绝缘遮蔽罩、绝缘隔板等］等专用工具和器具未检测或检测结果不合格。	检查现场个体防护装备、安全工器具等试验标签或合格标识，核查其试验是否超期或有无检测报告或检测报告是否合格。	□

续表

序号	作业阶段	涉及严重违章条款	严重违章释义	检查项目	执行情况
27	架线施工	人员资质不符合现场作业要求	现场作业人员、监理人员未经安全准入考试并合格。	逐一查询现场施工、监理人员安全风险管控监督平台准入状态是否有效。	☐
28			不具备“三种人”资格的人员担任工作票签发人、工作负责人或许可人。	涉及办理工作票的，检查“三种人”公布名单，核查工作票签发人、工作负责人或许可人是否在名单内。	☐
29			特种设备作业人员、特种作业人员、危险化学品从业人员未依法取得资格证书。	检查电工、焊接、高空等特种作业人员是否持证上岗，证书是否在有效期内，是否人、证相符。	☐
30			抱杆、牵张机、索道设备的地锚、拉线，铁塔锚固、导地线锚固的地锚、拉线受力情况未经过验算。	检查施工方案中是否针对现场使用的拉线、地锚受力情况进行计算或验算。	☐
31		未计算拉线、地锚受力情况和近电作业安全距离情况	在带电设备附近作业前，未根据带电体安全距离要求，对施工作业中可能进入安全距离内的人员、机具、构件等进行计算校核；或校核结果与现场实际不符，不满足安全要求时未采取有效措施。	邻近带电体作业，检查施工方案中是否对施工作业中可能进入安全距离内的人员、机具、构件等进行计算校核。校核结果与现场实际不符，不满足安全要求时是否采取有效措施。	☐

续表

序号	作业阶段	涉及严重违章条款	严重违章释义	检查项目	执行情况
32	架线施工	未计算拉线、地锚受力情况和近电作业安全距离情况	地锚、拉线未经验收合格即投入使用。	检查施工现场地锚、拉线是否有验收牌，验收牌是否经监理单位验收合格。	□
33		专项施工方案未按规定编审批	对“超过一定规模的危险性较大的分部分项工程”（含大修、技改等项目），未组织编制专项施工方案（含安全技术措施），未按规定论证和审批。	针对采用新技术、新工艺、新材料、新设备可能影响工程施工安全，尚无国家、行业及地方技术标准的分部分项工程，检查是否编制专项施工方案（含安全技术措施），是否按规定组织论证和审批。	□
34		专项施工方案未按规定编审批	针对《国家电网有限公司关于印发严控严防重特大人身事故硬措施通知》要求混凝土建（构）筑物垮塌、脚手架整体倒塌、深基坑及边坡施工等 12 类典型场景作业，未按规定编制、论证和审批专项施工方案。	针对线路跨越施工时发生触电伤亡事故典型场景作业，检查是否按规定编制、论证和审批专项施工方案。	□

续表

序号	作业阶段	涉及严重违章条款	严重违章释义	检查项目	执行情况
35	架线施工	重要工序、关键环节作业未按施工方案或规定程序开展	电网建设工程施工重要工序及关键环节未按施工方案中作业方法、标准或规定程序开展作业。	检查作业棚、加工间等重要临时设施；临近超高压线路施工，跨越铁路、高速公路、通航河道作业，季节性施工等特殊作业等是否按施工方案中作业方法、标准或规定程序开展作业。	□
36			针对《国家电网有限公司关于印发严控严防重特大人身事故硬措施通知》15类典型作业场景，未按规定落实强制措施。	针对线路跨越施工时发生触电伤亡事故、人员集中场所火灾事故、重特大交通事故、群体食物中毒事故等4类典型场景作业，检查是否按规定落实强制措施。	□
37		大型机械在运行站内或邻近带电线路处违规作业	近电作业起重机、高空作业车未接地。	检查起重机、高空作业车是否接地，接地连接处是否可靠；接地体埋深是否满足0.6m要求，接地线截面是否大于$16mm^2$。	□
38			近电吊装作业人员徒手扶持吊件。	按照释义内容，做好过程管控。	□
39		立（拆）杆塔、架（撤）线作业未按规定采取防倒杆塔措施	耐张杆塔非平衡紧挂线、撤线前，未设置杆塔临时拉线或其他补强措施。	检查是否设置临时拉线或其他补强措施；临时拉线地锚设置是否与施工方案一致，是否经验收合格。	□

续表

序号	作业阶段	涉及严重违章条款	严重违章释义	检查项目	执行情况
40	架线施工	立（拆）杆塔、架（撤）线作业未按规定采取防倒杆塔措施	在永久拉线未全部安装完成的情况下就拆除临时拉线。	按照释义内容，做好过程管控。	□
41			带张力断线或采用突然剪断导、地线的做法松线。	按照释义内容，做好过程管控。	□
42			杆塔上有人时，调整或拆除拉线。	按照释义内容，做好过程管控。	□
43			紧断线平移导线挂线作业未采取交替平移子导线的方式。	按照释义内容，做好过程管控。	□
44		牵引过程中人员处于受力绳索内角侧或直接拉拽受力导、引线	牵引过程中作业人员站在或跨在已受力的牵引绳、起吊绳、导地线的内角侧以及展放的线圈内。	按照释义内容，做好过程管控。	□
45			放线、紧线，遇导、地线有卡、挂住现象，未松线后处理，操作人员站在线弯的内角侧，用手直接拉、推导地线。	按照释义内容，做好过程管控。	□
46		跨越施工未采取跨越架、封网等安全措施	跨越带电线路、电气化铁路、高速公路、通航河流展放导（地）线作业，未采取跨越架、封网等安全措施，或跨越架、封网未经验收合格即投入使用。	按照释义内容，做好过程管控。	□

续表

序号	作业阶段	涉及严重违章条款	严重违章释义	检查项目	执行情况
47	架线施工	货运索道载人或超载使用	物料提升系统、货运小车等非载人提升设施及货运索道载人。	按照释义内容，做好过程管控。	□
48	架线施工	起重吊装作业未采取防倾倒措施，超限吊装	起重设备、受力工器具（抱杆连接螺栓、吊索具、卸扣等）超负荷使用。	按照释义内容，做好过程管控。	□
49	架线施工	起重吊装作业未采取防倾倒措施，超限吊装	起重机车轮、支腿或履带的前端、外侧与沟、坑边缘的距离小于沟、坑深度的1.2倍时，未采取防倾倒、防坍塌措施。	按照释义内容，做好过程管控。	□
50	架线施工	起重吊装作业未采取防倾倒措施，超限吊装	吊车未安装限位器。	按照释义内容，做好过程管控。	□
51	架线施工	起重作业无专人指挥	被吊重量达到起重作业额定起重量的80%。	对照施工方案和现场实际，属于此类作业的，检查是否设专人指挥起重作业。	□
52	架线施工	起重作业无专人指挥	两台及以上起重机械联合作业。	对照施工方案和现场实际，属于此类作业的，检查是否设专人指挥起重作业。	□
53	架线施工	起重作业无专人指挥	起吊精密物件、不易吊装的大件或在复杂场所（人员密集区、场地受限或存在障碍物）进行大件吊装。	对照施工方案和现场实际，属于此类作业的，检查是否设专人指挥起重作业。	□

续表

序号	作业阶段	涉及严重违章条款	严重违章释义	检查项目	执行情况
54	架线施工	起重作业无专人指挥	起重机械在邻近带电区域作业。	对照施工方案和现场实际，属于此类作业的，检查是否设专人指挥起重作业。	□
55			易燃易爆品必须起吊时。	对照施工方案和现场实际，属于此类作业的，检查是否设专人指挥起重作业。	□
56			起重机械设备自身的安装、拆卸。	对照施工方案和现场实际，属于此类作业的，检查是否设专人指挥起重作业。	□
57		起重作业无专人指挥	新型起重机械首次在工程上应用。	对照施工方案和现场实际，属于此类作业的，检查是否设专人指挥起重作业。	□
58		平衡挂线时，在同一相邻耐张段的同相导线上进行其他作业	略。	按照释义内容，做好过程管控。	□
59		高空锚线未设置二道保护措施	平衡挂线、导地线更换作业过程中，高空锚线未设置二道保护措施。	按照释义内容，做好过程管控。	□
60			更换绝缘子串和移动导线作业过程中，采用单吊（拉）线装置时，未设置防导线脱落的后备保护措施。	按照释义内容，做好过程管控。	□

续表

序号	作业阶段	涉及严重违章条款	严重违章释义	检查项目	执行情况
61	架线施工	危险性较大的施工平台无施工方案、超载使用	悬吊式作业平台、混凝土承重支撑架、24 m以上落地脚手架无施工方案，使用前未经监理验收即投入使用。	高空导线压接使用悬吊式作业平台时，检查是否在使用前经监理验收合格。	□
62			吊篮、悬吊式作业平台未设置上限位装置，在作业面下方涉及危险部位、设备设施安全防护、交叉作业等情况的未设置下限位装置。	按照释义内容，做好过程管控。	□
63			吊篮、悬吊式作业平台、混凝土承重支撑架、24 m以上落地脚手架超载使用或荷载严重不均。	按照释义内容，做好过程管控。	□
存在问题					
整改措施					

检查人	人员角色	检查时间

注 不存在问题，执行情况打“√”。存在问题，执行情况打“×”。不涉及该项打“/”。